知識ゼロから楽しく学べる!

ニュートン先生の

はじめに

人類は古代より数の探求を続けてきました。物の個数を数えるための「自然数」にはじまり，分数，小数，0の発明，マイナスの数，また，小数であらわすことのできない無理数など，長い年月をかけて数を探しだし，数直線をすきまなく埋めつくしたのです。しかし数学者たちはさらに，探求のすえに数直線の外にある数にたどり着きました。それが「虚数」です。

虚数とは，「2乗するとマイナスになる」という奇妙な数です。そのため虚数はなかなか受け入れられず，17世紀フランスの数学者であり哲学者ルネ・デカルトは，虚数を「imaginary number（想像上の数）」とよびました。しかしその後，虚数は少しずつ受け入れられていき，数学だけでなく物理学の分野でも活躍するようになります。たとえば20世紀に誕生した量子力学において力を発揮します。原子や分子といったミクロの物質のふるまいが，虚数を用いることで計算できるようになったのです。それは宇宙創成の謎にせまる新しい宇宙論の提案にもつながっていきました。現代文明や現代科学の発展は，虚数の発見によって実現したといえるでしょう。

本書は，虚数についてのニュートン先生の講義です。講義といってもむずかしいものではなく，先生と，科学に興味をもっている生徒の会話です。この本を読めば，虚数だけでなく、さまざまな数の探求の歴史を知ることができるでしょう。学校で習う「数学」のイメージが，少し変わるかもしれません。ニュートン先生の楽しい虚数の講義を，どうぞお楽しみください。

目次

2時間目

虚数の誕生

3 時間目

「虚数」と「複素数」を計算！

4 時間目

現代科学と虚数

登場人物

ニュートン 先生
科学のさまざまなことを知っているやさしい先生。
ゆうと
勉強はあまり得意ではないけど科学に興味をもつ中学生。

1時間目

虚数への道のり

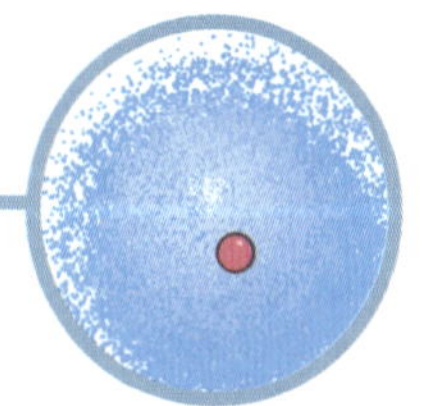

これが虚数だ！

人類は，古代よりさまざまな数をつくり上げてきました。その中で，一見，存在しないように見える不思議な数「虚数」とは，いったいどのような数なのでしょうか？

虚数って何？

先生，昨日SFアニメを見ていたら，虚数空間とか虚数時間っていう，よくわかんない単語がたくさん登場してきたんです。
先生，虚数って，いったい何なのですか？

おっ，虚数に興味をもちましたか！
虚数は，中学校までに習う普通の数とはまったくちがう数です。
でも，虚数がなければ，数の世界は不完全になってしまう。そんな数なんです。

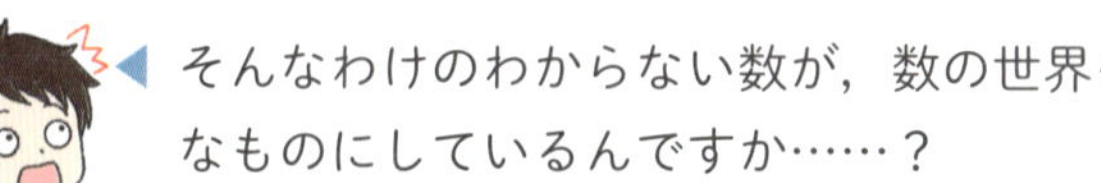

そんなわけのわからない数が，数の世界を完全なものにしているんですか……？

そうなんです！

虚数は，日常生活から最先端の物理学の研究まで，さまざまな場面で活躍しているんですよ。たとえば，**電気についての計算**や，超ミクロの世界を解き明かす**量子力学の世界**では虚数は欠かせません。さらには，宇宙の誕生時には，虚数時間が流れていた，なんていう理論も提案されています。虚数は現代社会に**なくてはならない存在**なんです。

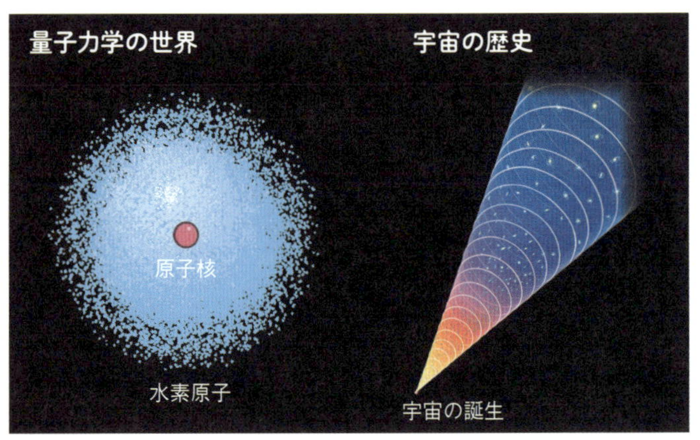

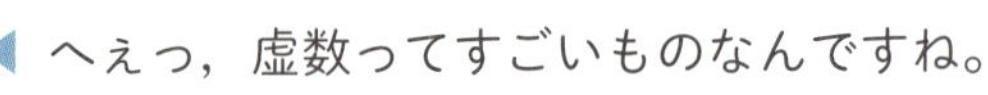

へぇっ，虚数ってすごいものなんですね。

そうなんです！　虚数とは，たとえるならば**お化け**のような，**魔法使い**のような数なんです。

お，お化け～!?

虚数の「虚」という字には，“むなしい”，“からっぽの”，“うその”，といった意味があります。虚数はその名の通り，**あたかも存在しないような数なんです。**

先生，意味不明すぎますっ！
虚数とはずばり，何なんですか？

虚数とは，ずばり！
「２乗するとマイナスになるかもしれない数」です。2乗とは2回かけ算するという意味です。

２乗するとマイナスになるかもしれない？
そんな数，ありますか!?

たとえば1×1＝1のようにプラスの数を2乗すると当然プラスになります。また，（−1）×（−1）＝1のようにマイナスの数を2乗してもやはり答はプラスです。ゆうとさんの言う通り，プラスからマイナスまでの普通の数をいくら調べたって，「２乗するとマイナスになる数」なんて，**どこにも見あたらないのです！**

ええ〜！
ますますわからなくなってきました。

そう，だから虚数は，存在しないような，お化けみたいな数ということなんです。

虚数がはじめて登場したのは16世紀イタリアの数学者，**ジローラモ・カルダノ**（1501～1576）が1545年に出版した『**アルス・マグナ**』という数学の本です。
この本には，次のような問題が紹介されています。

二つの数がある。これらを足すと10になり，かけると40になる。二つの数は，それぞれいくつか？

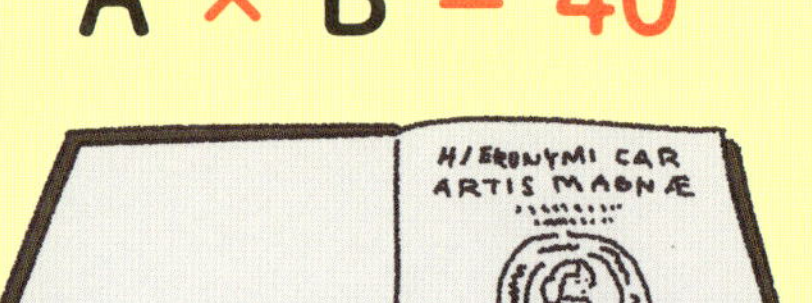

$$A + B = 10$$
$$A \times B = 40$$

えっ，ぱっと見簡単そうに見えますけど……。

さぁ，どうでしょうね。いろんな数をあてはめて考えてみましょう。

まず「5と5」だと足して10になるけど，かけると25だからちがうし……，「2と8」も「3と7」も「4と6」もちがうなあ。
うーん，どんな数だったらいいんだろう？

では方程式を使って，**「5よりxだけ大きな数（$5+x$）」と，「5よりxだけ小さな数（$5-x$）」の組み合わせで，かけると40になる数をさがしてみましょう。**
二つの足し算は10になります。そして二つのかけ算は（$5+x$）（$5-x$）とあらわせます。これは中学校で習う公式$(a+b)(a-b)=a^2-b^2$を使えば，$(5+x)(5-x)=5^2-x^2=25-x^2$になりますね。

そうか，方程式という手がありましたね。

学校で習ったと思いますが，正の数も負の数も2乗すればかならず正の数になりますから，x^2はかならず正の数になりますよね。

そうですね。……ということは，xがどんな数でも$25-x^2$の値は25よりも小さくなりませんか？　40にはできないような……。

そういうことです。
つまり，**xにどんな数をあてはめても，二つの数をかけた数は40には決して届かないのです。**

じゃあ，この問題解けないじゃないですか！

そう，この問題には中学校まででで習う数の中には答がないわけなので，中学生のゆうとさんは，**「解なし」**と答えれば正解です。

ええ～！
なんだか納得いかない。

この問題を**長方形の面積**に関連づけて考えてみましょう。**「縦＋横＝10」**で，かつ**「縦×横＝40（長方形の面積）」**となる長方形を探せばよいわけです。縦＋横＝10となる範囲で，長方形の面積を考えてみます。
まず，縦と横が5になる**正方形**を考えると，**面積は25**となりますから，問題の条件を満たしていません。

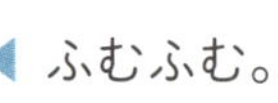

ふむふむ。

次に**縦7**，**横3**の場合を考えてみます。このときの長方形の**面積は21**です。また，**縦2**，**横8**の長方形でも縦＋横＝10ですが，**面積は16**にしかなりません。

やっぱり40には全然足りませんね。

そうなんです。
先ほど説明したように，縦＋横＝10なので，縦の**長さを$5-x$，横の長さを５＋x**と置くことができます。そのときの面積は（$5+x$）×（$5-x$）＝$25-x^2$となります。
xをいろいろ動かして，この面積が最大となるのは$x=0$の場合です。このとき，縦も横も５で等しくなり，面積は25になります。

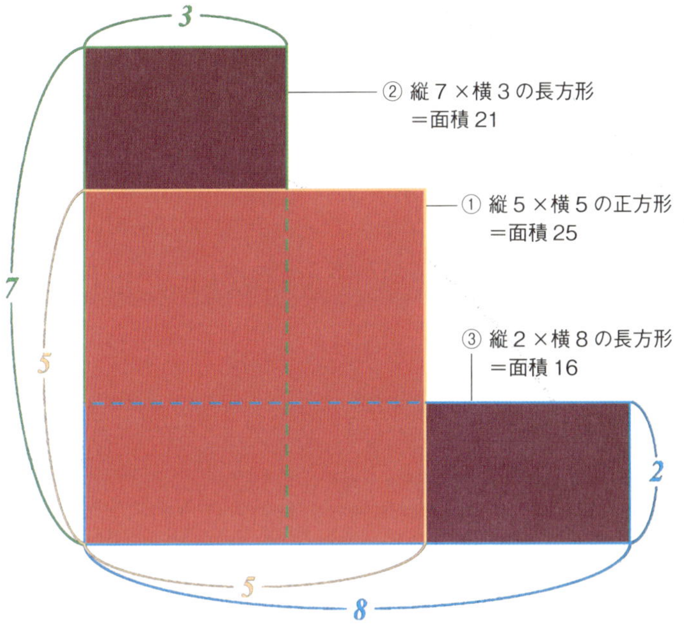

それで考えると，足して10になる二つの数をかけたときの最大の数は25ってことだから，40にはどうしたってならないわけですね。

そういうことです。
ところが！『アルス・マグナ』には具体的な解がしるされているんです。
そして，そこに登場する数こそ「2乗してマイナスになる数」，すなわち**虚数なんです！**
つまり，虚数を考えれば，解がないはずのこの問題に答が出せるんです。

そうなんですか!?
なんだかまだよくわからないけど，**虚数に興味がわいてきた！**

それじゃあ，あらためて，虚数とはどういう数なのか，じっくり考えていきましょう！
まず1時間目では，人類がたどってきた数の探索の旅を紹介しましょう。
そして2時間目から，虚数がどんな数なのかにせまっていきましょう。

はい！　よろしくお願いします！

人類は新しい数の概念を発見してきた

ではまず，**数**にはどんな**種類**があるのかを簡単に紹介していきましょう。
数の中で，最も起源が古いのは，1，2，3，……という**自然数**です。
自然数に0を含めて考えることもありますが，ここでは，自然数とは1，2，3，……という数全体を意味するものとし，0を含めません。
自然数は，リンゴが1個，牛が2頭，日数が3日……というぐあいに，**物の個数を数えるために生まれたものと考えられます。**

数って，もともと物を数えるために生まれたのかぁ。

そうなんです。そして，自然数に，**ゼロ**や，自然数の符号を変えた-1や-2のような**負の数**（**マイナスの数**）を合わせて，**整数**といいます。

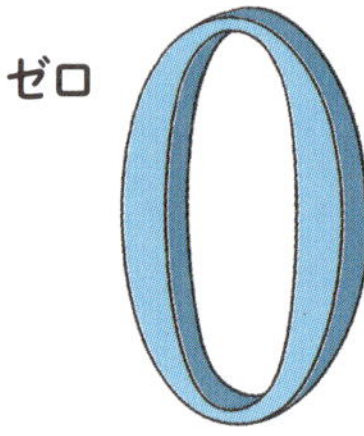

さらに，私たちの生活の中では，整数だけでなく，**「1と2の間の数」や，「3と4の間の数」が必要です。**
「2倍すると3になる数$=\frac{3}{2}=1.5$」，「1を10等分したもの$=\frac{1}{10}=0.1$」のような数です。

分数や小数ですね！

そうです。
分数であらわすことができるこれらの数のことを**有理数**といいます。**有理数を使うことで，ものの個数だけでなく，長さや重さ，体積などの「量」を，数であらわす道が開けます。**

自然数から有理数に拡張することで，数であらわせるものの範囲が広がるんですね。

そうですね。
さらに，**分数ではあらわせない数，つまり有理数でない数というのも存在します。**

えっ!?　分数であらわせない数なんてありましたっけ。

たとえば，2乗すると2になる数，すなわち√2（＝1.4142……）などです。
ほかにも**黄金比**（＝1.6180……）や**円周率π**（＝3.1415……）なども分数であらわすことができません。

黄金比 ϕ ＝ 1.6180339887 4989484820 4586834365.....

$\sqrt{2}$ ＝
1.41421 35623 73095 04880
16887 24209 69807 85696
71875 37694 80731 76679
73799 07324 78462 10703
88503 87534 32764 15727
35013 84623 09122 97024
92483 60558 50737 21264.....

π 円周率 ＝
3.14159 26535 89793 23846
26433 83279 50288 41971
69399 37510 58209 74944
59230 78164 06286 20899
86280 34825 34211 70679
82148 08651 32823 06647
09384 46095 50582 23172.....

なるほど。
確か√2や円周率って，小数点以下がどこまでもつづくんですよね。

◀ええ。これらの，分数であらわせない数は**無理数**といいます。
無理数を小数であらわすと，小数点以下の数字が決して循環することなく限りなくつづきます。

◀分数であらわすのは無理ってことですね。

◀はい。そして，有理数と無理数を合わせた数全体のことを**実数**（じっすう）といいます。これが中学までに習う普通の数のすべてです。

◀これで，**すべての数が勢揃い**したわけですね！
あ……，でも，虚数は？

◀そうなんです！　数の拡張をつづけてきた人類は，さらに，実数の外にも数があるのではないかと考えたんです。そして，「実数以外の数」にたどりついたんですね。
それが，虚数なのです！

古代文明で「数字」が生まれた

虚数についての説明をはじめる前に，まずは人類がどうやってさまざまな数を発見したのか，その歴史をくわしく見ていきましょう。
大昔から人間は，**手の指などを使って，物の数を数えていたと思われます。**
私たちは，10を位取りの単位として数える**10進法**という方法を使っています。これは人間の手の指が**10本**だったからでしょう。
10進法では，0～9まで10個の数字で数をあらわし，9の次は位が一つ上ります。
人間の手の指が**8本**だったら，きっと私たちは**8進法**を採用していたでしょう。

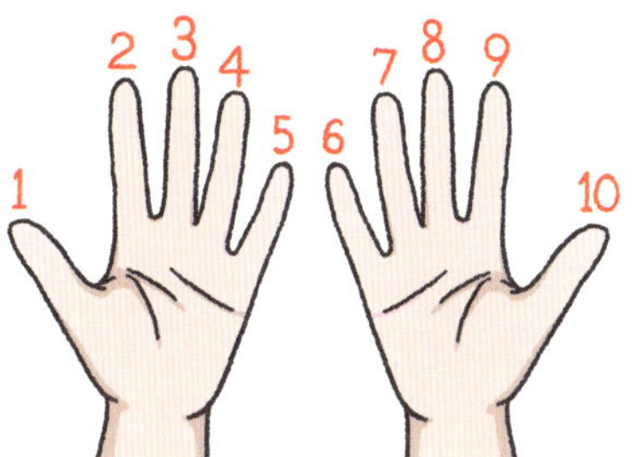

さらに人間は，**木や骨に印をつけて数を“保存”することを覚えました。**初期の数は，たとえば「1」ならば印を一つ，「2」ならば印を二つというように記録されていました。
でも，このときは，まだ数字とよべるほどのものではありませんでした。

へええ～！

数字が生まれたのは，およそ4000年前の古代エジプトや古代メソポタミアと考えられています。古代エジプトでは，**ヒエログリフ**とよばれる文字を使って数をあらわし，**10進法**が用いられていました。一方，メソポタミアでは**くさび形の記号**が数字として使用されました。メソポタミアでは古代エジプトとはことなり，**60進法**が用いられました。

メソポタミアや古代エジプト以外にも，**古代マヤ文明**，**古代の中国**でもそれぞれ独自の数字を使用していたことが知られています。

メソポタミア　エジプト　中国　マヤ

古代から，世界各地で数字が利用されていたんですね。

ちなみに，マヤ文明では**1**をあらわすのに，点や棒，貝といった記号が使用され，**20進法**が用いられていたんですよ。

分数を使って，整数の間の数をあらわせるようになった

数の中で，最も起源が古いのが**自然数**です。

物の個数を数えるために生まれた数字のことですね。

その通りです。
ここまでに見たように，古代文明（メソポタミア文明，エジプト文明，マヤ文明，中国文明）のそれぞれは，すでに自然数をあらわす数字をもっていました。
そして自然数は，次の段階に進みます。

次の段階……？

1＋1＝2，6＋15＝21のように，自然数どうしを足せば，その答は必ず自然数になります。自然数どうしのかけ算も，同じように答は必ず自然数です。
しかし，自然数どうしで割り算を行うと，自然数の中には答が見つからないことがあります。

ええっと。
どういうことでしょうか？

たとえば，「6÷3」の答は「2」であり，自然数の中に見つかります。でも，「1÷3」という割り算の答は自然数の中には見つかりません。
この割り算は，**余り**を許容しなかったら，自然数では答が出せません。
そこで古代の人々は，「1÷3の答」を数としてあつかうことにしたんです。
これが**分数**（fraction）の考えかたです。

$\frac{1}{3}$ 分数

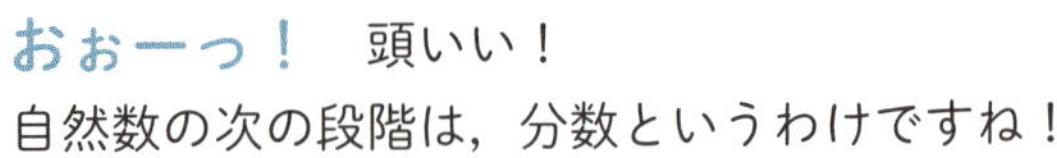

おぉーっ！　頭いい！
自然数の次の段階は，分数というわけですね！

自然数と，自然数からなる分数を合わせて，**（正の）有理数**（rational number）とよんでいます。
有理数を使うことで，物の「個数」だけでなく，長さ，重さ，体積などの「量」を，より広く数であらわすことが可能になったのです。

分数は，小数でもあらわすことができる！

分数って，**小数**であらわすこともできますよね？

そうですね。$\frac{1}{2}$であれば1÷2で**0.5**とあらわせます。

$$\frac{1}{2} = 0.5$$

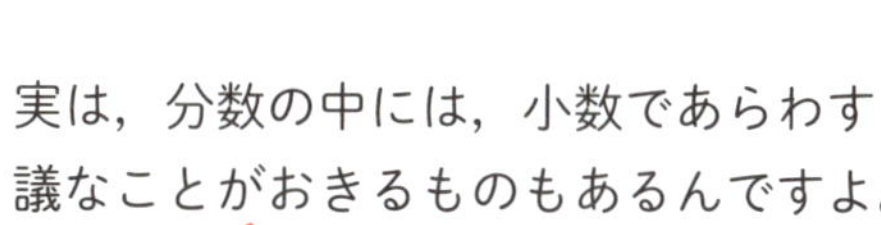

実は，分数の中には，小数であらわすと，不思議なことがおきるものもあるんですよ。
たとえば$\frac{1}{7}$とか。
電卓ではすべてを表示できませんが，実は$\frac{1}{7}$を計算すると，「0.142857142857142857……」と，**142857の部分が循環しながら無限につづく小数になるのです。**

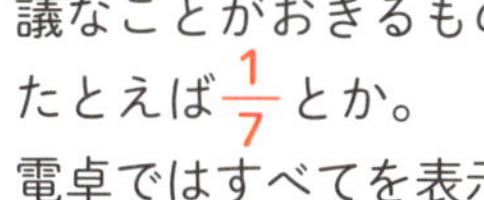

ええっ？
ホントですか!?

はい。$\frac{1}{7}$だけじゃなく，$\frac{1}{17}$や$\frac{1}{61}$も同様に，小数点以下が循環しながら無限につづきます。
ほかに，$\frac{1}{3}$も，＝1÷3＝0.3333……で，3が循環しながら無限につづきます。

どのような分数でも，「小数点以下が有限の小数」もしくは「小数点がある桁から循環しながら無限につづく小数」のどちらかであらわせます。

前者を**有限小数**，後者を**循環小数**といいます。

$$\frac{1}{7}=0.142857142857142857142857\cdots$$

```
       0.142857142857142857142857…
   7 ) 1.0
        7
       ---
        30
        28
       ---
         20
         14
        ---
          60
          56
         ---
           40
           35
          ---
            50
            49
           ---
             10
              7
             ---
              30
              28
             ---
               20
               14
              ---
                60
                56
               ---
                 40
                 35
                ---
                  50
                  49
                 ---
                   10
                    ⋮
```

循環小数のルーレット

$\frac{1}{7}$, $\frac{1}{17}$, $\frac{1}{61}$ を小数になおすと，「循環小数」になる。図は，これらの循環小数の循環部分を時計まわりに並べたもの。これらの循環小数は，向かい合った数どうしを足すと必ず9になることもわかる。

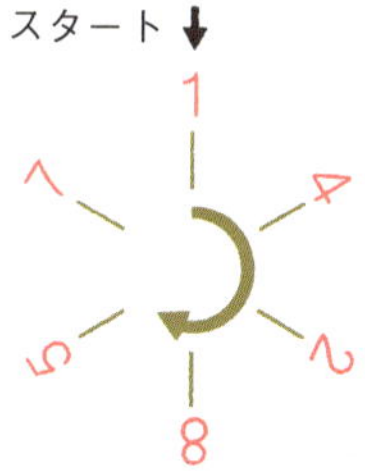

スタート

$\frac{1}{7}$=0.142857142857142857…

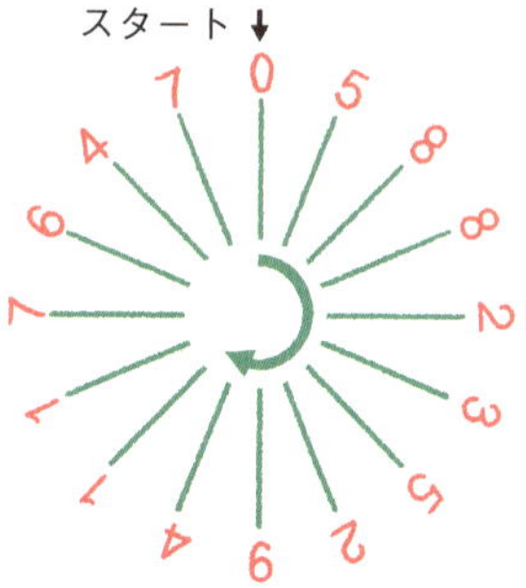

スタート

$\frac{1}{17}$ = 0.0588235294117647058823529
41176470588235294117647…

スタート

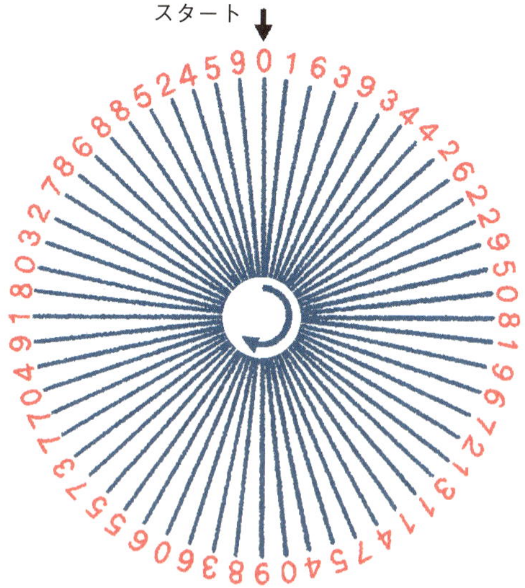

$\frac{1}{61}$ = 0.0163934426229508196721311475409836065573770491
80327868852459016393442622950819672131147540983
60655737704918032786885245901639344262295081967
2131147540983606557377049180327868852459…

そういえば，分数と小数って，どちらも古代に誕生したんですか？

分数と小数は，整数と整数の間にある数をあらわすことができる点でとてもよく似ています。でも，**その歴史には大きなちがいがあります。**まず，分数は『リンドパピルス』という，紀元前17世紀ごろの数学の文書にも登場する，とても古い数です。

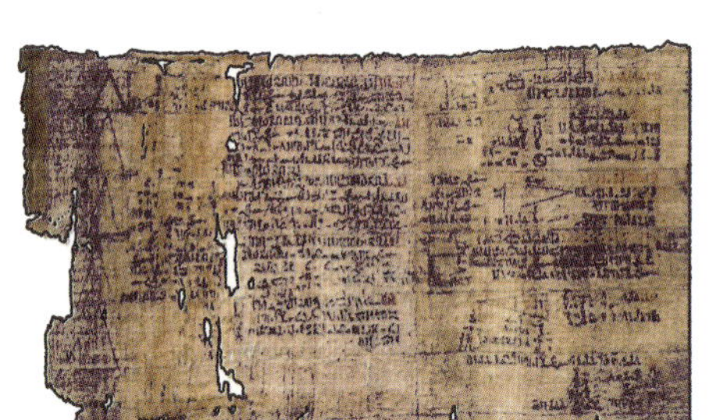

紀元前17世紀!?
めちゃくちゃ古い！
今から4000年近くも前に，分数はすでに存在していたのですね。

そうなんですよ。一方，**小数の誕生は，分数にくらべるとずっと最近です。**
ヨーロッパで小数の考え方を決定的に推し進めたのは，16世紀のベルギーの数学者シモン・ステヴィン（1548～1620）です。

また，現在のような**小数点**を使った表記法は，スコットランドの数学者**ジョン・ネイピア**（1550 ～ 1617）が生みだしました。
ネイピアは対数の発明者としても有名ですね。

シモン・ステヴィン
（1548 ～ 1620）

ジョン・ネイピア
（1550 ～ 1617）

16世紀というと，今から**500年くらい前**ということか。
十分古いですけど，分数の方がうんと長い歴史をもっているんですねぇ。

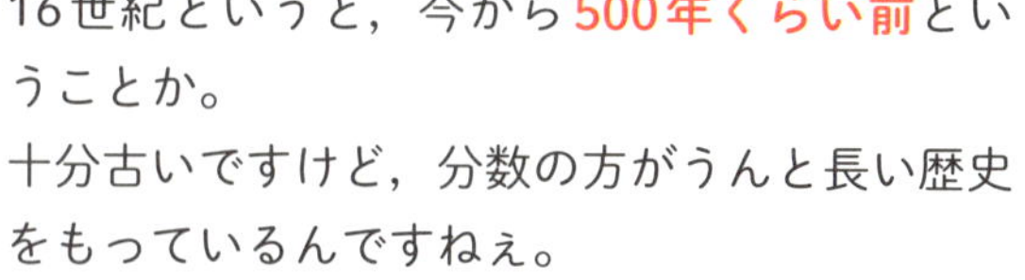

どうやっても分数ではあらわせない「無理数」がみつかった

さて，数の探求の旅にもどりましょう。
「有理数を使えば，すべての数をあらわすことができる」と考えていたのが，紀元前６世紀の数学者，**ピタゴラス**です。

あっ，**ピタゴラスの定理**の。

そうです。そのピタゴラスです。
ピタゴラスは，自然数を神聖なものとして崇拝し，あらゆる数は自然数の比（分数）であらわせると考えていました。

ピタゴラス
（紀元前 582 年？～紀元前 496 年？）

たしかに，分数を使えばどんな数でもあらわせそうな気がします。
だって，$\frac{1}{1000000}$ みたいに考えれば，どこまでも細かく数をあらわすことができるし，分数であらわすことができない数なんて，考えられません。

ええ，そうですね。
しかし，**ピタゴラスの考えに反して，分数であらわすことのできない数がみつかってしまうんです。**
そして，その発見につながったのが，ほかでもない，ピタゴラスの定理だったんです！

え，ピタゴラス自身の発見がもとで，有理数であらわせない数が見つかっちゃったんですか？

そうなんですよ。
ここで，ピタゴラスの定理について紹介しておきましょう。ピタゴラスの定理は，ピタゴラスがはじめて見つけて証明をしたということでもなさそうですが。
ピタゴラスの定理というのは，直角三角形の辺の長さに関する定理で，直角三角形の2辺の長さがわかれば，残りの1辺の長さがわかるという定理です。
三平方の定理ともよばれます。

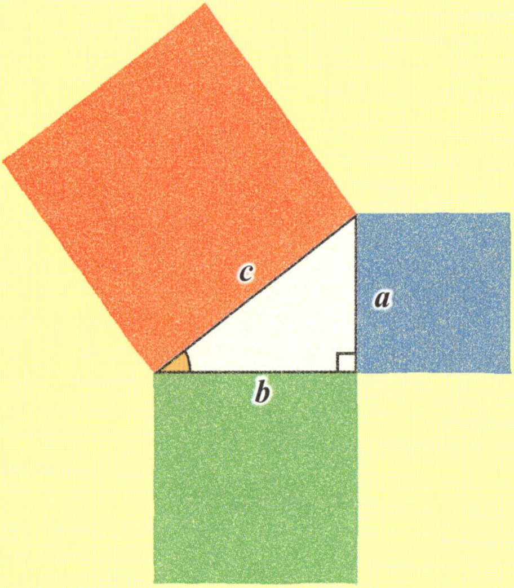

c a b

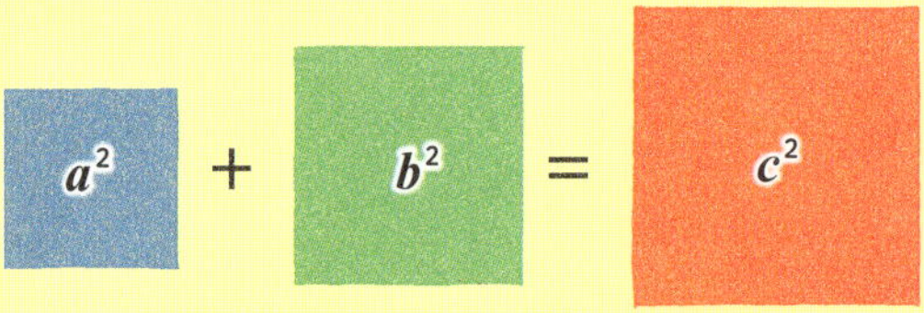

a^2 + b^2 = c^2

ピタゴラスの定理

$$a^2 + b^2 = c^2$$

この定理を使って，次のような三角形の辺cの長さをピタゴラスの定理で求めてみます。ピタゴラスの定理に代入すると，次のページのように計算できますね。

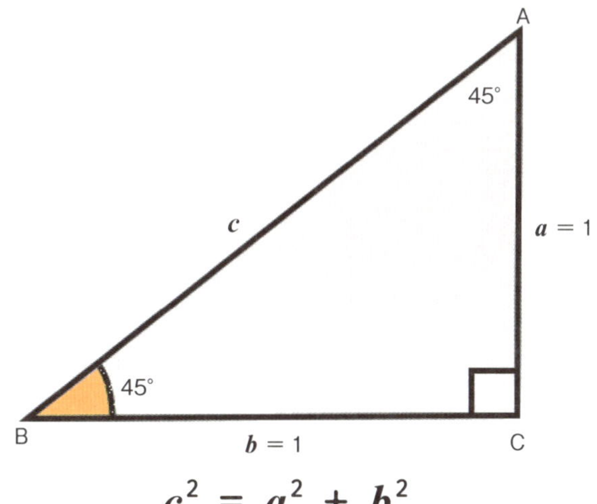

$$c^2 = a^2 + b^2$$
$$c^2 = 1 + 1$$
$$c^2 = 2$$

$c^2=2$ということは，cは2乗したら2になる数です。つまり$c=\pm\sqrt{2}$です。
このうち，三角形の辺の長さは正の数なので，答は$c=\sqrt{2}$です。
ピタゴラスの定理から，先ほどの三角形の斜辺の長さは$\sqrt{2}$と導かれます。
この$\sqrt{2}$こそ，分数であらわせない数，すなわち有理数ではない数なのです。
このことを発見したのはピタゴラスの弟子，ヒッパソスといわれています。
ピタゴラスはヒッパソスの発見がもれるのを防ぐために，ヒッパソスを処刑してしまったという言い伝えがあります。

有理数以外に数はないと信じるあまりに処刑!?

先ほどお話ししたように，$\sqrt{2}$を小数であらわすと，1.41421356……と小数点以下が無限につづきます。
さらに，先ほども紹介しましたが，小数点以下は循環しません。そして，**小数点以下が循環せずに無限につづく小数は，「分母と分子が整数の分数」であらわすことはできません。**
つまり，$\sqrt{2}$は有理数ではありません。

「無理数」でしたね！

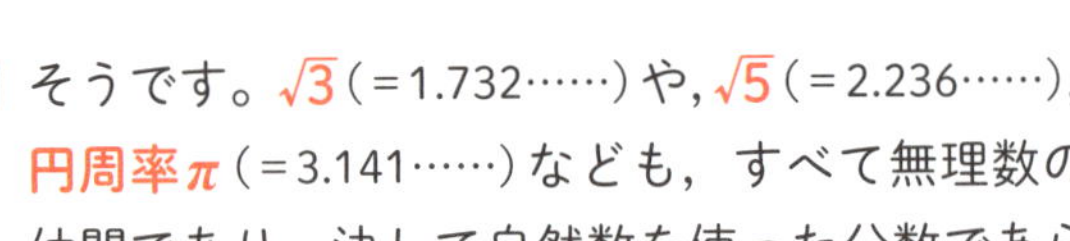

そうです。$\sqrt{3}$（＝1.732……）や，$\sqrt{5}$（＝2.236……），**円周率π**（＝3.141……）なども，すべて無理数の仲間であり，決して自然数を使った分数であらわすことはできません。

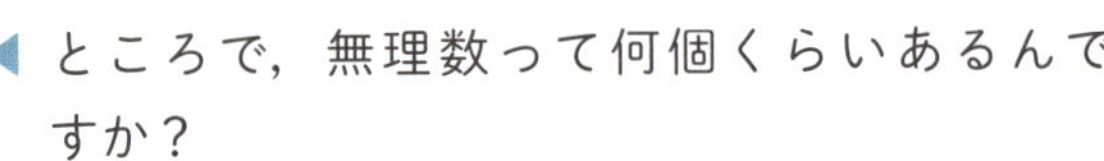

ところで，無理数って何個くらいあるんですか？

それはもう，無数にあります。
有理数と無理数の“個数”をくらべると，無理数のほうが**圧倒的にたくさんある**ことが知られているんです。

古代メソポタミアの粘土板に刻まれた$\sqrt{2}$

古代ギリシアで問題となった$\sqrt{2}$ですが，それ以前に，すなわち，今からおよそ4000年前の古代メソポタミアの人々は，すでにそのおおよその値を知っていたらしいことがわかっています。

古代メソポタミアの粘土板「YBC7289」に，$\sqrt{2}$の値が刻まれているんです。

すごい！　ぜんぜん読めないですが，これが$\sqrt{2}$なんですか？

粘土板には，正方形とその対角線がえがかれているんですよ。

1辺の長さが1の正方形の対角線の長さは$\sqrt{2}$です。

粘土板の水平に引かれた対角線の上には，くさび形文字で，「1・24・51・10」という数が刻まれているんです。

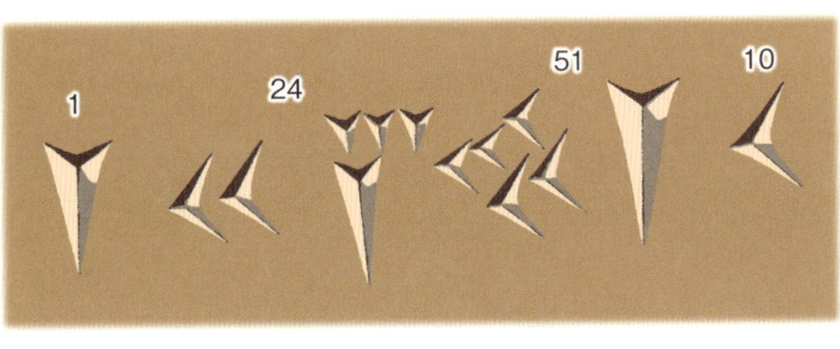

$\sqrt{2}$は，確か1.41……でしたよね。全然ちがうじゃないですか。

古代メソポタミアでは**60進法**が使われていたので，この数を10進法に直せば「1.41421296296……」となります。

$$1+\frac{24}{60}+\frac{51}{60^2}+\frac{10}{60^3}$$
$$=1.41421296296\cdots\cdots$$

◀ これは$\sqrt{2}$のきわめて正確な（小数点以下5桁まで正しい）近似値です。
さらに粘土板には，正方形の1辺の長さを30としたときの対角線の長さ（60進法で42・25・35，10進法に直せば42.4263888…）も刻まれているんですよ。

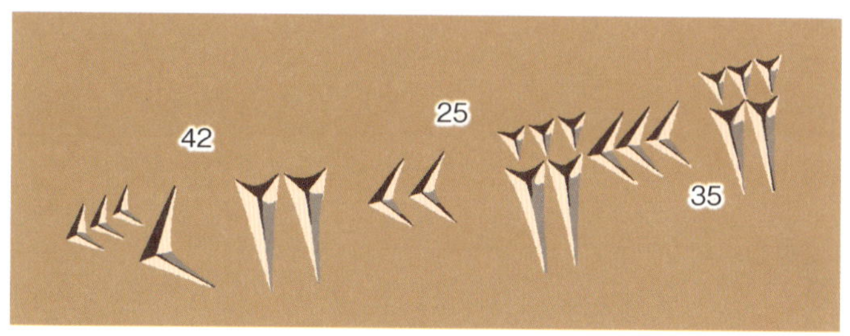

◀ メソポタミア人，偉大すぎる！

ゼロは，なかなか受け入れられなかった

さて次に紹介する数は**ゼロ**です。
ゼロは，発見されてから数として認められるまで，長い年月がかかりました。

意外ですね！
そもそもゼロはどのようにして生まれたのでしょうか？

ゼロは最初，「10」の1の位の0や，「101」の10の位の0のように，**その位に「何の数もない（空位）」ということをあらわすための記号として登場しました（位取りのゼロ）。**

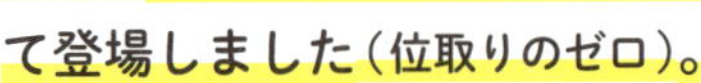

このゼロを導入することで，1～9，そして「0」という，たった10個の記号（数字）だけで，どのような数もあらわすことができるようになったのです。

最初は記号だったんですね。
このようなゼロはいつごろから使われているんですか？

古くはメソポタミア文明やマヤ文明などで使われていたことが知られています。ちなみに，マヤには**絵文字**で数字をあらわす方法が存在しました。ゼロには「下あごに手をそえた顔」のような記号などが使われていたようです。

めちゃくちゃ古くからあったんですね。

ええ。ただし，このときに使われていたゼロは，あくまで空位を示す記号であり，ゼロそのものに対する計算は行われなかったようです。

へえ〜。ゼロが記号ではなくて，ちゃんとした数になったのはいつなんでしょうか？

ゼロが単に空位をあらわす記号としてではなく，数とみなされるようになったのは，6〜7世紀のインドが発端とされています。

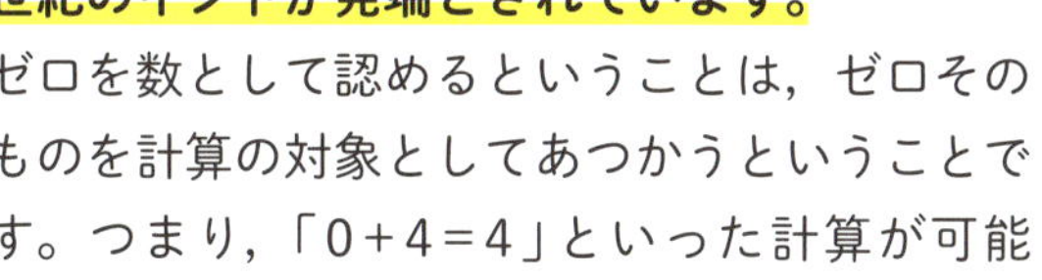

ゼロを数として認めるということは，ゼロそのものを計算の対象としてあつかうということです。つまり，「0＋4＝4」といった計算が可能になったのです。

メソポタミア文明やマヤ文明から，ずいぶん時間がかかったんですね。

そうですね。6世紀なかばの段階で，ゼロが数であるという認識がインドで生まれていたようです。インドで生まれた数としてのゼロとその表記法は，その後，アラビアのイスラム文化圏を経由して，ヨーロッパ全域に広まりました。このゼロが，今日私たちがふだん何気なく使っているゼロなのです。

古代文明のゼロ記号と数字

現代の数字（アラビア数字）	エジプトの数字	ギリシアの数字	メソポタミアの数字（60進法）	マヤの数字（20進法）
0	なし	など	など	
1		α		
2		β		
3		γ		
4		δ		
5		ε		
6		ϛ		
7		ζ		
8		η		
9		θ		
10		ι		
20		κ		
100		ρ		

マヤ文明では，ゼロは「下あごに手をそえた顔」のような記号などが使われていた。

人類はマイナスの数をなかなかイメージできなかった

さて，ゼロの次は**マイナス**です。昔の人々は**負の数**を受け入れるのにも苦労したようです。

マイナスの数も，私たちにとっては，比較的考えやすい数のように思えますけどね。

ところが，**ほとんどの文明で，負の数は数としてあつかわれてこなかったんです。**
もともと数は，物を数えるために生みだされたものでした。私たちは1個のリンゴや3個のミカンはすぐにイメージすることができます。しかし，「マイナス1本のバナナ」や「マイナス3個のリンゴ」というのはイメージしづらいでしょう。

確かに。

古くからマイナスの数を使っていた数少ない例外が，中国文明です。
中国では**算木**（さんぎ）とよばれる棒状の計算道具が用いられており，赤い棒は**正の数**，黒い棒は**負の数**をあらわしていました。

私たちは，マイナスが赤字，プラスは黒字ですけど，それとは逆なんですね。

そうですね。しかし，中国でも，最終的な答として負の数が出てくることはなかったようです。その後，**負の数を問題の答として認め，本格的な数として導入したのは，7世紀ごろのインドでした。**

インドでは，負債をあらわすときに負の数を使用していたようです。さらに，**インドで発明された負の数は，ゼロの概念とともにアラビア経由でヨーロッパへと伝えられました。**

しかしヨーロッパでは，負の数はなかなか認められませんでした。17世紀フランスの偉大な哲学者・数学者，ルネ・デカルト（1596～1650）も，方程式の負の解を偽の解とよんで，正の解と区別していました。

17世紀になっても，負の数は十分に受け入れられてなかったんですね。
今の私たちはなんの違和感もなく使っているのに。

負の数は，数直線上で0をこえたところにある，と考えるとイメージしやすいですね。たとえば温度計で，1°Cからさらに5°C気温が下がると－4°Cになることは自然にイメージできるでしょう。
このように，数直線を使って負の数を絵にえがいて示せるようになったことで，その考え方が徐々に広まっていったのです。

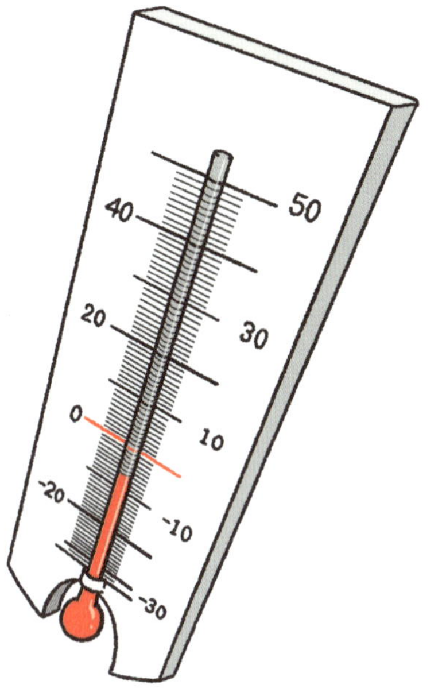

数の探求の旅を数直線で見てみよう！

こうして，マイナスの数も受け入れられたことで，虚数以外の数が出そろいました。

人類は長い年月をかけて，数を探求してきたんですねぇ。

そうですね。ここで，それらの数を数直線であらわして整理してみましょう（次のページのイラスト）。
まず，ものの個数を数えるために生まれた**自然数**です。そして**ゼロ**。
0や自然数にマイナスの符号をつけた数を，自然数に合わせた数全体が**整数**。
整数と分数を合わせたものが**有理数**です。

分数は整数と整数の間にあるのですね。

はい。本当は，分数と分数の間にはつねに別の分数が存在しますが，この数直線では便宜上，小さな点の集まりとして分数のならびをあらわしました。

それから**無理数**。
ピタゴラスが，その存在を発見した弟子を処刑したという……。

数を数直線で見てみよう

自然数

1　2　3　4　5

ゼロ

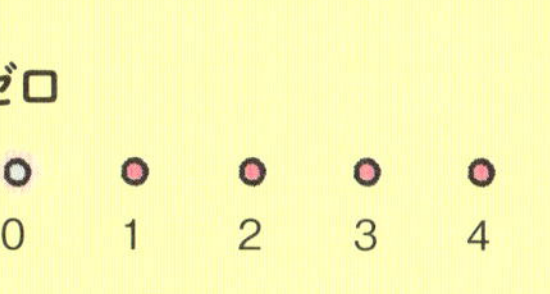

負の数（負の整数）

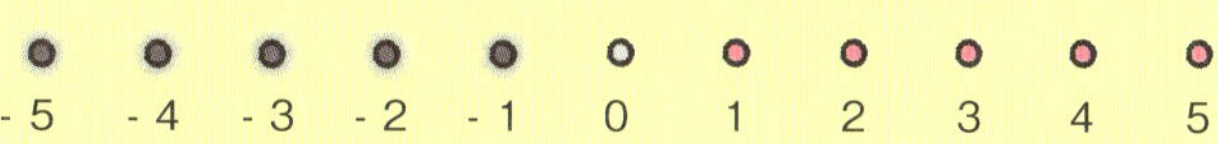

有理数

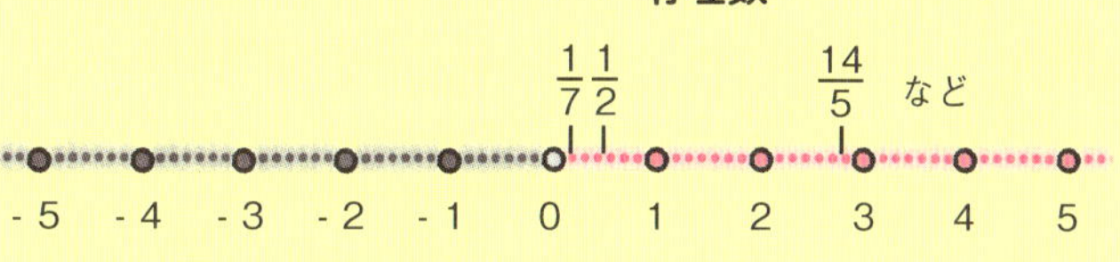

無理数

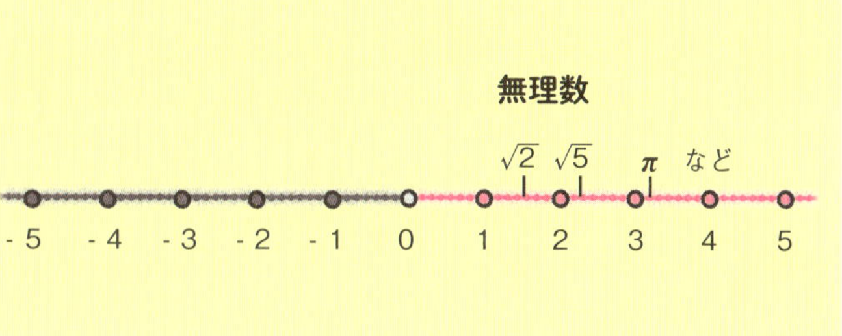

そうですね。こうして，数直線は，無理数の発見によって，はじめて完全に埋めつくされたと考えることができるのです。
これらの数をすべて含めたもの，つまり「有理数」と「無理数」を合わせたものが，普段私たちが使っている「普通の数」，**実数**です。

数直線はすきまなく，**実数で埋め尽くされる！**

そうです。どんな実数でも，この数直線上のどこかにあります。
しかし人類は，この**数直線の外にある数**を見つけ出したんです。
それこそが，この本のテーマである**虚数**です。

イメージがまったく浮かびませんが……。

大丈夫です。当時の人々も虚数をイメージできなかったため，受け入れられるのにずいぶん時間がかかりました。
虚数とはどんなものなのか，2時間目からじっくり見ていきましょう！

2時間目

虚数の誕生

虚数は２次方程式から生まれた

虚数がはじめて登場したのは，16世紀イタリアの数学者，ジローラモ・カルダノが著した『アルス・マグナ』という数学の本でした。カルダノはどのようにして虚数にたどりついたのでしょうか。

虚数は２次方程式から生まれた

では，いよいよ**虚数の誕生**にせまっていきましょう。

はい！　数直線にない数なんて，いったいどんな数なんだろう。

はじめに紹介しましたが，虚数がはじめて登場したのは，1545年にイタリアの数学者**ジローラモ・カルダノ**が著した**『アルス・マグナ』**という本です。
この本に紹介された問題をもう一度確認しておきましょう。
この問題は，１時間目で述べた通り，$25 - x^2 = 40$という**２次方程式**であらわすことができましたね。

二つの数がある。これらを足すと 10 になり，かけると 40 になる。二つの数は，それぞれいくつか？

$$A + B = 10$$
$$A \times B = 40$$

「解なし」になったやつですね。

虚数の誕生についてはまず，この二次方程式についてくわしく見ていく必要があります。というのは，虚数の誕生に二次方程式は欠かせないものなんです。

2次方程式が!?

はい。まず2次方程式とは，移項をしたり，同類項をまとめたりして，$ax^2+bx+c=0\,(a \neq 0)$ の形に変形できる方程式のことです。

$25-x^2=40$も，40を右辺から左辺に移項をすると，

$$25-x^2=40$$
$$-x^2-15=0$$

と変形できます。これは$ax^2+bx+c=0$の式で考えると，$a=-1$，$b=0$，$c=-15$ということになります。

実は2次方程式の歴史は非常に古く，なんと今から約4000年前といわれている**古代メソポタミア文明の粘土版「BM13901」**に，いくつかの2次方程式の問題が書かれているんです。

BM13901に記されていたのは次のような問題です。

正方形の面積から，その1辺の長さを引いたら870であった。その正方形の1辺の長さを求めよ。

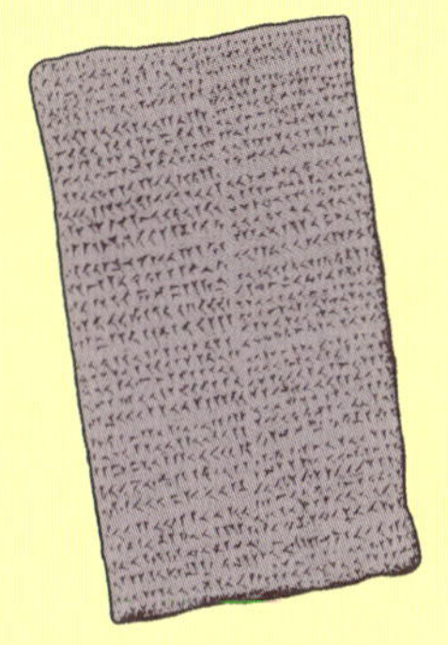

4000年も前にすでに2次方程式があったのか～。
でも，なんだか**なぞなぞ**みたい。これが2次方程式の問題になるんでしょうか？

この問題を現代風に書けば，1辺の長さをxとすると**「方程式$x^2-x=870$を解け」**となります。

あっ，そうか。でもこれ，どうやって解けばいいんですか？

これは，**2次方程式の解の公式**で解くことができます。2次方程式の解の公式は中学3年で習うようですから，ゆうとさんはこれからですね。少しむずかしいかもしれませんが，予習だと思って見てください。
$ax^2+bx+c=0$という2次方程式の解の公式は，次のようになります。

ポイント

2次方程式の解の公式

$$x=\frac{-b\pm\sqrt{b^2-4ac}}{2a}$$

うわ！　複雑ですね。
これをこれから習うのかぁ……。

実際に先ほどの問題で使ってみましょう。まず，$x^2-x=870$ を $ax^2+bx+c=0$ の形にします。
すると，$x^2-x-870=0$ となります。
あとは，2次方程式の解の公式に，$a=1$，$b=-1$，$c=-870$ を代入するだけです。

$$x=\frac{-b\pm\sqrt{b^2-4ac}}{2a}\quad\text{……2次方程式の解の公式}$$

$$=\frac{-(-1)\pm\sqrt{(-1)^2-4\times(1)\times(-870)}}{2\times(1)}$$

$$=\frac{1\pm\sqrt{3481}}{2}=\frac{1\pm59}{2}=30,\ -29$$

$x=30$，-29 を得ることができましたね。
BM13901に記されていたのは，1辺の長さを求めよ，という問題だったので，答は正の数になるはずです。
よって，問題の答は30と求められます。

解の公式にあてはめるだけで答が出せるんですね！

そうなんです。メソポタミア人は，2次方程式の解の公式を使っていたわけではありませんが，本質的には同じ方法でこの問題を解いていたのです。

すごい！

BM13901に書かれていた二次方程式の問題は無事に実数の範囲で答を求めることができました。

しかし，2次方程式の中には，実数だけでは計算不能に陥り，答が出せないものがあるんです。

それが，まさにカルダノの問題**「足して10，かけて40になる二つの数は何か？」**です。

先にお話ししたように，この問題は，$25-x^2=40$という2次方程式としてあらわせます。

しかし，実数の中には，この2次方程式の答（解）はないのです。

$$25-x^2=40$$
$$x^2=-15$$

2乗してマイナスになる実数は存在しない

↓

この問題の答は，実数の中にない

解がない方程式もあるんですね。解がある方程式と解がない方程式って，見分けもつかないし！

大丈夫。
見分ける方法があるんですよ。それが**判別式**とよばれるものです。
ここではしっかり覚えておく必要はありませんが，簡単に紹介しておきましょう。

2次方程式の判別式

2次方程式 $ax^2+bx+c=0$ の判別式Dは，

$$D=b^2-4ac$$

- **D>0のとき　実数の解は2個**
- **D=0のとき　実数の解は1個**
- **D<0のとき　実数の解はなし**

判別式Dを計算すれば，その正負から，実数の解があるのかないのか判断できるんです。
たとえば，$x^2-x-5=0$という2次方程式の場合，判別式D=21となり0より大きいです。そのため，二つの実数の解をもっているはずです。一方，$x^2-x+5=0$という2次方程式の場合，判別式D=−19で0より小さいです。そのため，この2次方程式には実数の解はありません。

むずかしい……。 でも一応，判別はできるのか。

まぁ，ともかく**2次方程式の中には，実数の答がないものがあることだけを覚えておいてください。**
メソポタミア人も，実数の答のない方程式を取りあつかうことはなかったようです。

わかりました。じゃあ，このカルダノの問題も，答のない方の2次方程式，と。

そうです。ところが！
カルダノはこの，実数の答のない2次方程式に，答を出す方法を考えだしたのです！
『アルス・マグナ』の中の「足して10，かけて40になる二つの数は何か？」という問題に，カルダノは次のページのような計算で答を出しました。

カルダノの解き方

問題

足して 10，かけて 40 になる二つの数を求めよ

解き方

「5 より x だけ大きな数」と「5 より x だけ小さな数」の組み合わせで，かけて 40 になる数を探す。二つの数を（$5+x$），（$5-x$）と置けば，

$$(5+x)\times(5-x)=40$$

中学校で習う公式（$a+b$）×（$a-b$）$=a^2-b^2$ を使って左辺を変形すると，

$$5^2-x^2=40$$

$5^2=25$ なので　$25-x^2=40$

移項すると　$x^2=-15$

x は「2 乗して -15 になる数」となります。カルダノは「2 乗して -15 になる数」を今の記号で「$\sqrt{-15}$」と書きました。そして，「5 より x だけ大きな数」と「5 より x だけ小さい数」の組み合わせである，「$5+\sqrt{-15}$」と「$5-\sqrt{-15}$」を，問題の答として本に記しました。

答

二つの数は，

$$5+\sqrt{-15} \text{ と } 5-\sqrt{-15}$$

この答は『アルス・マグナ』には当時の記号で次のように書かれています。

5 p:Rm:15

5 m:Rm:15

カルダノは，$\sqrt{-15}$という数を使って，この問題の答えを，今の記号で$5+\sqrt{-15}$と$5-\sqrt{-15}$だと書いたのです。

$\sqrt{-15}$ ？
これは，どういう数なのでしょうか？

これが，2乗すると，-15になる数です。
すなわち$\sqrt{-15}\times\sqrt{-15}=-15$です。
この$\sqrt{-15}$のような，2乗するとマイナスになる数。これこそ，**虚数なのです！**

$$\sqrt{-15}$$

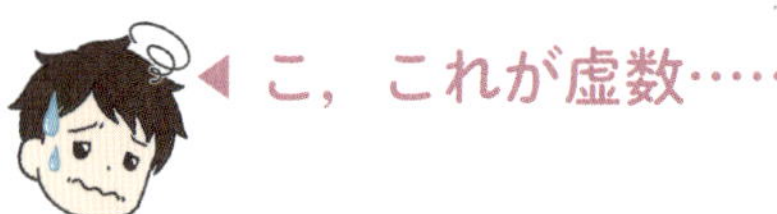

こ，これが虚数……。

このようにして，虚数を持ちだせば答のない問題にも答が出せることを，カルダノははじめて示したんです。
メソポタミア文明から3500年以上もの時を経て，答のない2次方程式に答を出す方法を考えだした数学者，それが**カルダノ**なのです。

カルダノさんすごいなぁ。
これは当時大発見だったわけですか。

実はカルダノ自身は次のように書いています。
「数学をここまで精密化しても実用上の使い道はない」。

使い道はない!?

でも，そんなことはありません！
現在，最先端の物理学から私たちの身近なところまで，現代社会において，虚数は**欠かせないもの**となっているんです。それはあとからお話ししますね。

解の公式を使って，カルダノの問題を解いてみよう！

さて，せっかく先ほど2次方程式の解の公式を紹介したので，カルダノの問題を，**解の公式**を使って解いてみましょう。

あの複雑な公式ですね。
どのように考えればいいんでしょうか。

カルダノの問題は，「足して10，かけて40になる二つの数を求めよ」というものでした。まず，二つの解をx，yとしてこの問題を式で書いてみます。

$$x+y=10 \cdots\cdots ①$$
$$x \times y=40 \cdots\cdots ②$$

まずは，xとyの，二つの未知の数があると解けないので，②のyを消して，式を一つにまとめましょう。
まず，**①を$y=10-x$に変形して，②に代入しましょう。**

$$x+y=10 \quad \cdots\cdots ①$$
$$x \times y=40 \quad \cdots\cdots ②$$

①を変形した $y=10-x$ を②に代入し，x だけの２次方程式にする。

$$x+y=10 \quad \cdots\cdots ①$$
↓
$$y=10-x$$

②の式に代入

$$x \times (10-x)=40$$

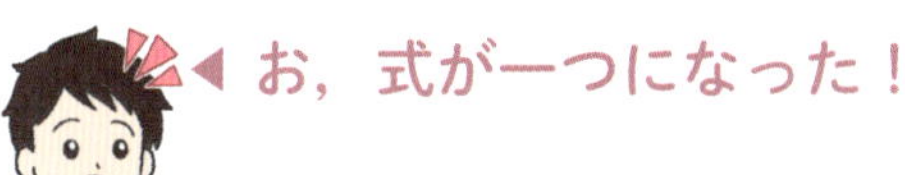

お，式が一つになった！

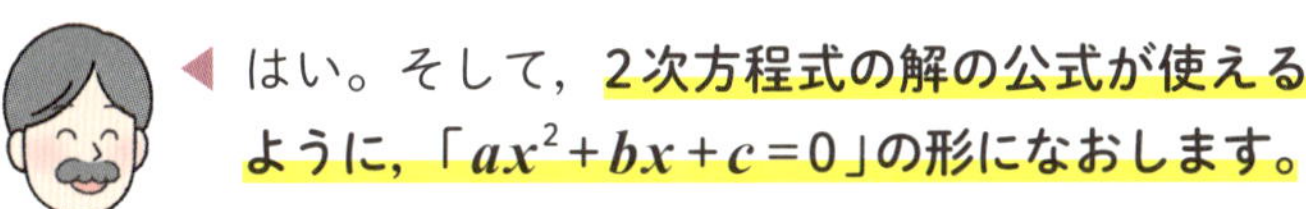

はい。そして，**2次方程式の解の公式が使えるように，「$ax^2+bx+c=0$」の形になおします。**

$$x \times (10-x)=40$$
$$x \times 10-x \times x=40$$
$$-x^2+10x-40=0$$

あとは，2次方程式の解の公式に，
$a=-1$，$b=10$，$c=-40$を代入するだけです。

$$x=\frac{-b\pm\sqrt{b^2-4ac}}{2a}$$

$a=-1$，$b=10$，$c=-40$ を代入すると

$$=\frac{-10\pm\sqrt{10^2-4\times(-1)\times(-40)}}{2\times(-1)}$$

$$=\frac{-10\pm\sqrt{100-160}}{-2}=\frac{-10\pm\sqrt{-60}}{-2}$$

$x=\frac{-10\pm\sqrt{-60}}{-2}$とわかりました。
ここまででも構わないのですが，ここでは仮に$\sqrt{-60}=\sqrt{2^2\times(-15)}=\sqrt{2^2}\times\sqrt{-15}$と考えると，$\sqrt{-60}=2\times\sqrt{-15}$となります。ここから，
$x=5\pm\sqrt{-15}$となります。

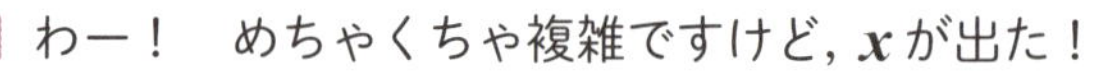

わー！　めちゃくちゃ複雑ですけど，xが出た！

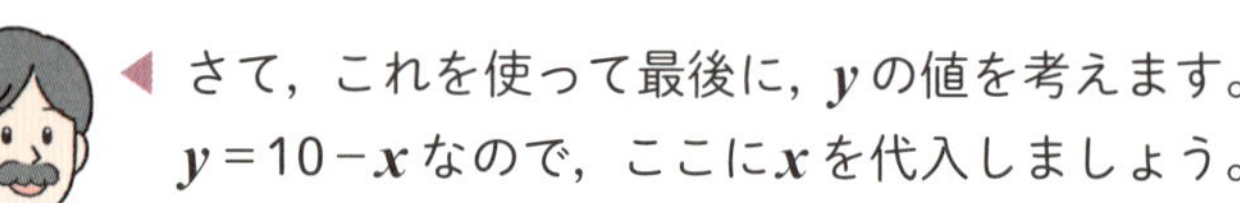

さて，これを使って最後に，yの値を考えます。
$y=10-x$なので，ここにxを代入しましょう。

$x=5+\sqrt{-15}$ のとき,

$$y=10-x=10-(5+\sqrt{-15})$$
$$=5-\sqrt{-15}$$

$x=5-\sqrt{-15}$ のとき,

$$y=10-x=10-(5-\sqrt{-15})$$
$$=5+\sqrt{-15}$$

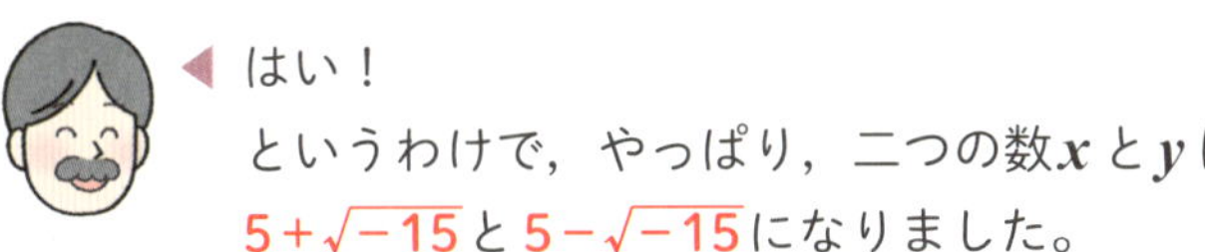

はい！
というわけで，やっぱり，二つの数 x と y は，
$5+\sqrt{-15}$ と $5-\sqrt{-15}$ になりました。

すごい～！
本当に，この二つの数は，足して10，かけて40になりますか？

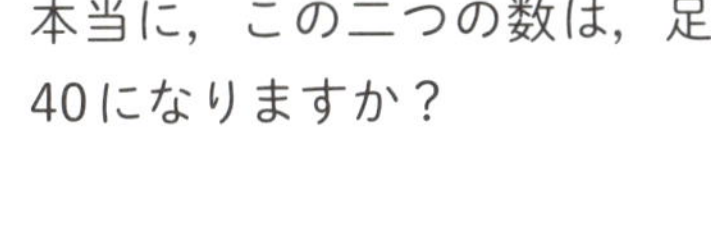

では確認してみましょうか。

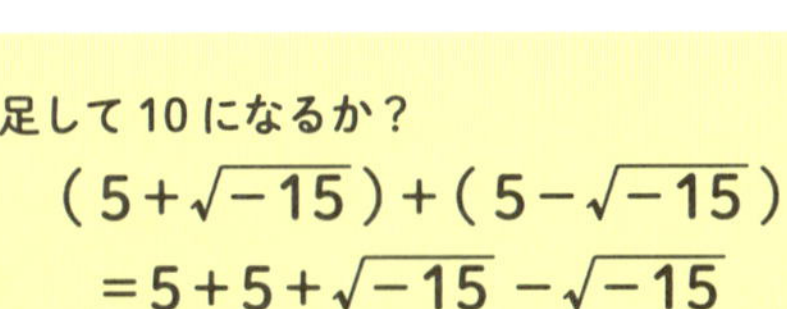

足して10になるか？

$$(5+\sqrt{-15})+(5-\sqrt{-15})$$
$$=5+5+\sqrt{-15}-\sqrt{-15}$$
$$=10$$

かけて40になるか？

公式 $(a+b)\times(a-b)=a^2-b^2$ に当てはめて

$$(5+\sqrt{-15})\times(5-\sqrt{-15})$$
$$=5^2-(\sqrt{-15})^2$$
$$=25-(-15)$$
$$=40$$

足して10，かけて40になった！

はい，というわけで，この二つがカルダノの問題の答だということが確かめられましたね！

やった～！
カルダノさん，すごいなぁ。

虚数はなかなか受け入れられなかった

カルダノのほかにも，虚数の研究に大きな影響をあたえた数学者たちがいました。くわしい内容は割愛しますが，たとえば，カルダノと同時代に活躍したイタリアの数学者，**ニコロ・フォンタナ**（別名タルタリア，1499 ～ 1557）は，三次方程式の解の公式を自力で編みだした数学者です。

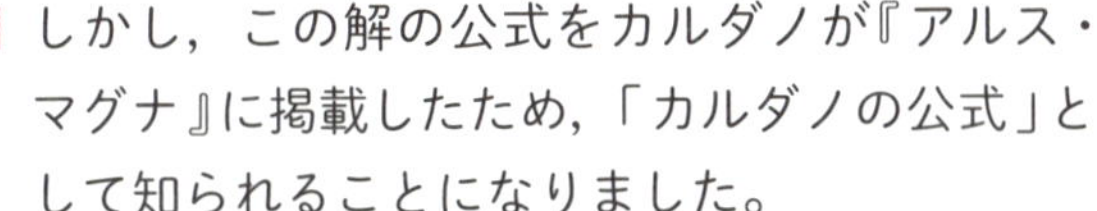

しかし，この解の公式をカルダノが『アルス・マグナ』に掲載したため，「カルダノの公式」として知られることになりました。

ニコロ・フォンタナ
（1499 ～ 1557）

このカルダノの公式を使うと，途中で虚数が登場してしまうことがありました。そこでイタリアの数学者**ラファエル・ボンベリ**（1526 ～ 1572）は，場合によりますが，カルダノの公式に含まれる虚数をうまく計算することで，実数だけの解にできることを示しました。3次方程式の解を考えるうえで虚数の計算は不可欠だったのです。

ちょっと理解がついていけないですが，とんでもない数学者がたくさんいたんですね。
カルダノやフォンタナ，ボンベリたちの研究で，虚数が広まっていったんですか？

いえ，それが，虚数はすぐに数学者たちに受け入れられたわけではありませんでした。

フランスの哲学者で数学者だった**ルネ・デカルト**は，2乗してマイナスになるような大きさを含む数を「nombre imaginaire（英：imaginary number）」，すなわち「想像上の数」とよびました。

ルネ・デカルト
（1596 ～ 1650）

nombre imaginaire

「想像上の数」って，はなっから否定してる感じですね。

そうですね。一方で，虚数の存在を肯定的にとらえようとする人たちもいました。その一人，イギリスの数学者，**ジョン・ウォリス**（1616 ～ 1703）は，面積の話をもちだして虚数の存在を正当化しようとしたといわれています。

面積の話？

はい。ウォリスがもちだした話を，単位を無視してわかりやすく書き変えると次のようになります。「ある人が1600だけの土地を得たが，その後に面積3200の土地を失った。全体として得た面積は－1600とあらわせる。この負の面積をもつ土地が正方形をしていたとすれば，その1辺の長さというものがあるはずである。40ではないし，－40でもない。1辺の長さは負の平方根，すなわち，$\sqrt{-1600}$である」。

ジョン・ウォリス
（1616～1703）

なんだか，無茶苦茶な話にも聞こえますが。

この話は強引であり，真（ま）に受けなくてもいいですが，虚数をどうにかして認めようとしたウォリスの努力をうかがい知ることができますね。

虚数を肯定的にとらえた人物の中でも，特に虚数の研究を深めたのが，スイスの数学者，**レオンハルト・オイラー**（1707～1783）です。オイラーは，虚数がもつ重要な性質を，天才的な計算能力で解き明かしていきました。

オイラーは，「2乗すると−1になる数」，すなわち$\sqrt{-1}$を**虚数単位**と定め，imaginaryの頭文字であるiという記号であらわしました。

この記号が，現在も使われている虚数単位iです。

ポイント

虚数単位＝i

$$i = \sqrt{-1}$$

$$i^2 = -1$$

imaginary number

レオンハルト・オイラー
（1707～1783）

$\sqrt{-1}=i$ とあらわします。
そして，$i^2=-1$ です。

これが「i」のはじまりか～！
デカルトがつけた否定的な呼び方が虚数の記号になるなんて皮肉ですね。

そうですね。オイラーはさらに，長い研究の末，**「世界で一番美しい数式」**とよばれるものにたどりつきました。この神秘的な数式については，4時間目でご紹介しましょう。

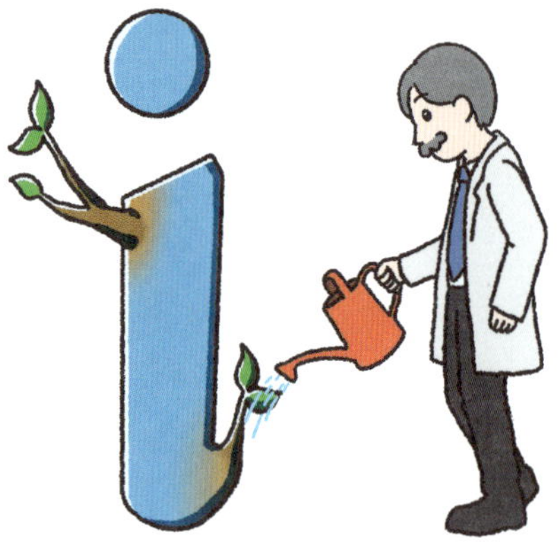

3時間目

「虚数」と「複素数」を計算！

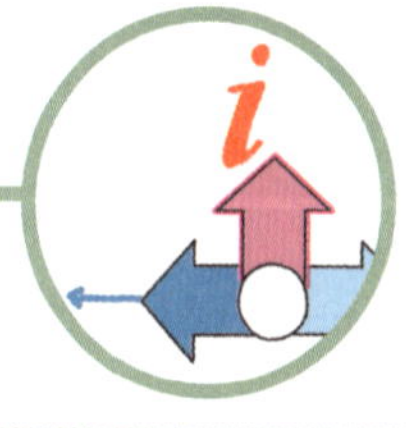

虚数を計算しよう

実数以外の数である虚数は，いったいどのような“姿”をしているのでしょうか？　実際に虚数を使った計算を行い，その姿を視覚的に見ていきましょう。

マイナスの数は，数直線で可視化できる

虚数が，2回かけ合わせるとマイナスになる不思議な数だってことはわかりました。
でも，いまひとつ**イメージ**がつかめないんですよね。

そうでしょう。
実際にオイラーが虚数の重要性を示したあとも，虚数の存在を認めない者は多かったんです。

それは，実数なら**個数**や**線の長さ**としてイメージできますが，虚数にはそれができないからだったのでしょう。

確かに，虚数は視覚的なイメージはまったく浮かびません……。

そうでしょう！
というわけで，3時間目では，虚数を視覚的にあらわしてみましょう。
1時間目に，マイナスの数は，数直線を使って視覚的にあらわすことで受け入れられるようになったとお話ししましたね。

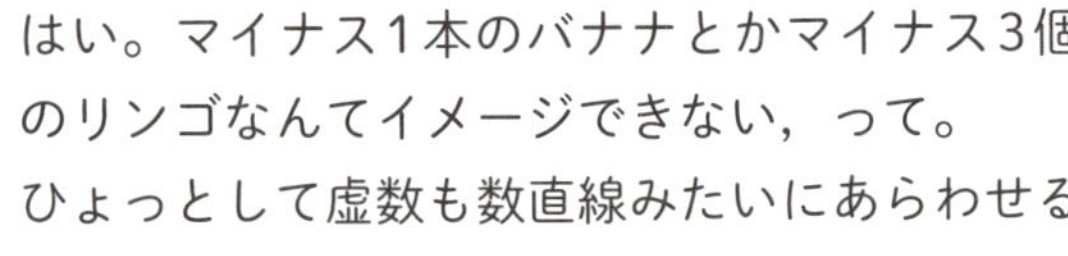

はい。マイナス1本のバナナとかマイナス3個のリンゴなんてイメージできない，って。
ひょっとして虚数も数直線みたいにあらわせるんですか？

そうなんです！
はじめに，マイナスの数の場合をあらためて考えてみましょう。フランスの数学者**アルベール・ジラール**（1595～1632）は，**負の数を後退，正の数を前進という運動によって説明しようとしました。**ゼロをあらわす原点を置き，ここから右にのびる矢印でプラスの数をあらわすなら，マイナスの数はその反対（左）にのびる矢印としてあらわせると主張したのです（次のページのイラスト）。

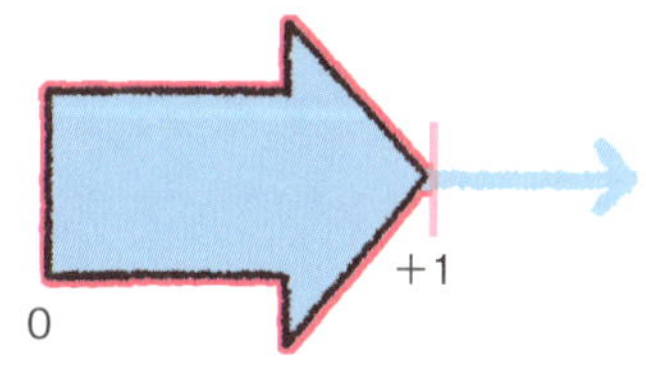

正の実数は，「右向きの矢印」
ゼロをあらわす点を置き，これを「原点」と定める。
右向きに，適当な長さの矢印を一つえがく。この矢印を「+1」とし，プラスの数の単位と定めれば，これを基準にしてさまざまなプラスの数を図にえがくことができる。

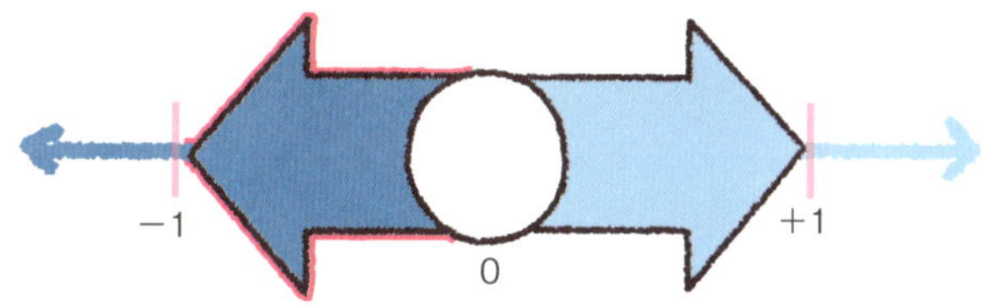

負の実数は，「左向きの矢印」
+1 の矢印と逆向きの矢印を原点からのばす。この矢印を「−1」とし，マイナスの数の単位と定めれば，これを基準にしてさまざまなマイナスの数を図示できる。

物の数じゃなくて運動であらわそうとしたんですね。

その通りです。
これがのちに，数直線の考えにつながったのです。プラスを前進，マイナスを後退と関連づけることにより，マイナスの数が受け入れやすくなったともいえます。

僕も学校で，フツーにそう習いました。プラスとマイナスを前進，後進って説明されるとわかりやすいですよね。
でも，虚数は数直線上にはない数なんですよね……。

ゆうとさんの言う通り，虚数は，数直線のどこにも居場所がないように思えます。
そこで，ノルウェーの測量技師，**カスパー・ヴェッセル**（1745～1818）は，**数直線のどこにもない虚数を，直線ではなく平面上の点として考えました。**

平面上の点!?

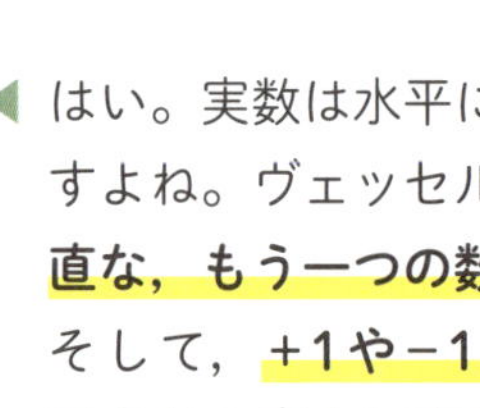

はい。実数は水平に置いた数直線であらわしますよね。ヴェッセルは，**この実数の数直線に垂直な，もう一つの数直線を置いたのです。**
そして，**+1や−1の矢印と同じ長さをもち，原点から真上に向かう矢印をえがき，これをiをあらわす矢印としたのです**（次のイラスト）。
この矢印の長さを変えることで，$2i$や$3i$などさまざまな虚数をあらわせるようになります。
また，$-i$は，**原点から真下に向かう矢印**としてあらわせます。

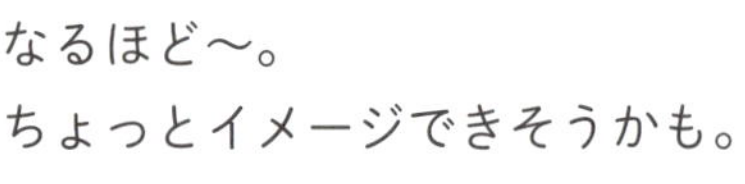

なるほど～。
ちょっとイメージできそうかも。

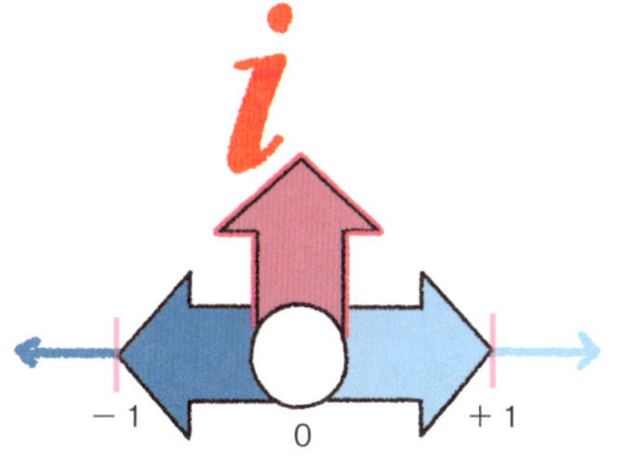

虚数は，数直線の「外」！

＋１や－１の矢印と同じ長さをもち，原点から真上に向かう矢印をえがく。この矢印を虚数単位 i と定めれば，さまざまな虚数（$2i$，$3i$ など）を図にあらわすことができる。

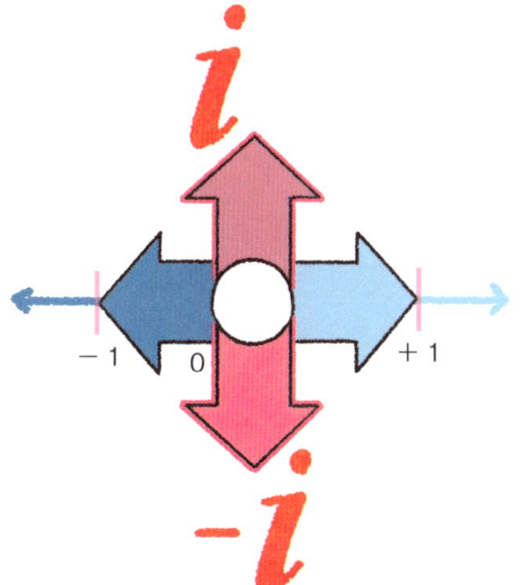

－i は，「下向きの矢印」

i の矢印と同じ長さをもち，原点から真下に向かう矢印をえがく。この矢印を「i」とすればすべての虚数を図にあらわすことができる。

実数と虚数が足し合わされた新しい数の概念が誕生

スイスの**ジャン・ロベール・アルガン**（1768～1822）と，ドイツの数学者**カール・フリードリヒ・ガウス**（1777～1855）も，ヴェッセルとほぼ同じ時期に，虚数を図示するための同じアイデアに，それぞれ独自にたどりついていました。
彼らによって，虚数ははじめて目に見えるものとなり，ついに，**虚数に市民権**があたえられるようになったと考えられます。

カール・フリードリヒ・ガウス
（1777～1855）

マイナスの数と同じように，虚数も**可視化**できるようになってやっと世間に受け入れられるようになったんですね。

そうなんです。さらに，ガウスによって，**複素数**（ドイツ語でkomplexe Zahl）という新しい数の概念が確立されました。

ふくそすう？

はい。複素数は，**実数**と**虚数**という二つの要素が足し合わされてできる数です。
たとえば，実数である4に，虚数である$5i$（$=5\sqrt{-1}$）を足したものとして$4+5i$（$=4+5\sqrt{-1}$）を考えます。
この$4+5i$のように，$a+bi$の形であらわせる数のことを，複素数というのです（a，bは実数）。
iがついていない4の部分を**実部**，iがついている5の部分を**虚部**といいます。

ポイント

複素数……実数と虚数が足し合わされてできる数のこと。$a+bi$（a，bは実数）であらわすことができる。

$$4+5i$$

実部　虚部

実数と虚数を足し合わせたものが複素数か。
複素数も，視覚的にあらわすことはできるんでしょうか？

はい。複素数をあらわすには，**実数の数直線を横軸にもち，横軸に直交する数直線を縦軸にもつ平面を使うんです。**この縦軸を**虚軸**，横軸を**実軸**といいます。
このような平面を使うと，「4＋5i」という複素数は，**実軸の座標が4で，虚軸の座標が5i**となる点によってあらわすことができます（次のイラスト）。

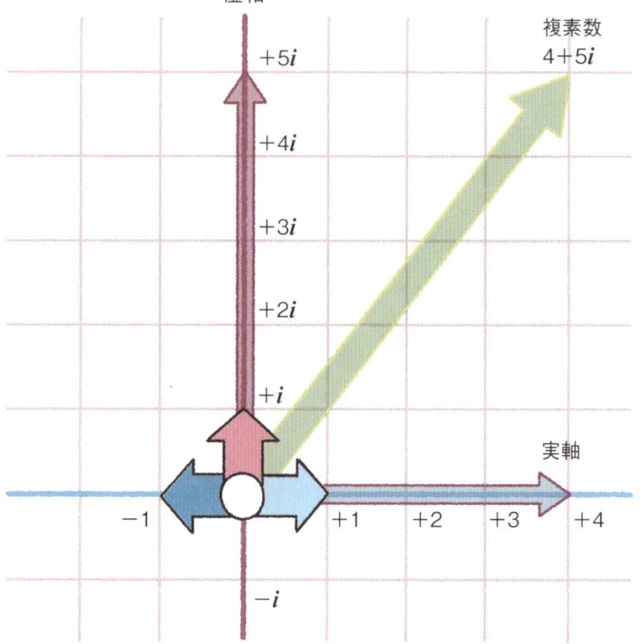

また，たとえば3－2iの場合は，原点から横軸に＋3，縦軸に－2なので，下のイラストようにあらわせます。
なお，この平面上では，**複素数の矢印は，平行移動しても同じものと考えます。**
複素数をあらわすこのような平面を**複素平面**といいます。または，**複素数平面**，**ガウス平面**などとよばれることもあります。

複素数は，複素平面であらわせるんですね！

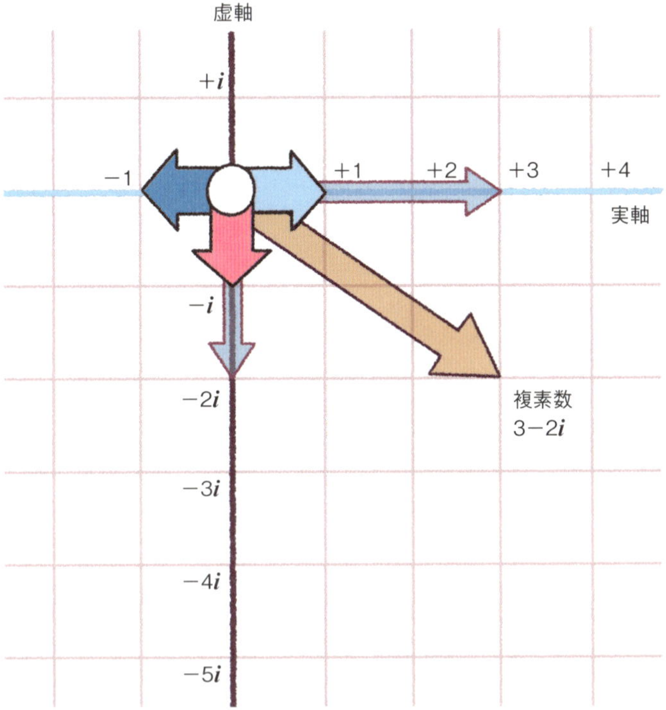

虚軸
＋i
－1
＋1
＋2
＋3
＋4
実軸
－i
－2i
複素数
3－2i
－3i
－4i
－5i

複素数と虚数は何がちがう？

ところで先生，**虚数**と**複素数**ってちがうものなんですか？

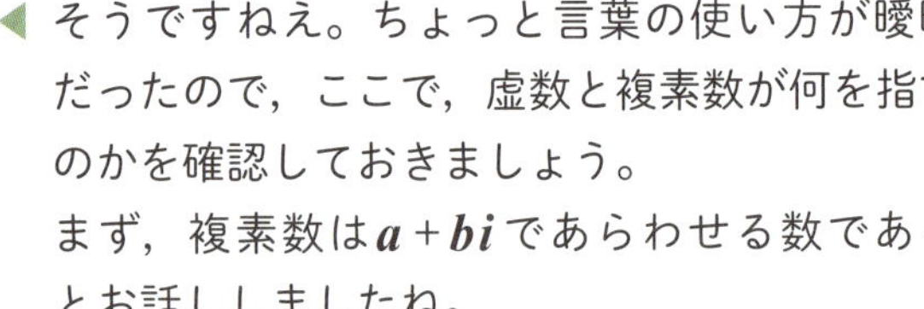

そうですねえ。ちょっと言葉の使い方が曖昧だったので，ここで，虚数と複素数が何を指すのかを確認しておきましょう。
まず，複素数は$a+bi$であらわせる数であるとお話ししましたね。

はい。aとbは実数ですよね。

その通りです。それでは質問です。
5は複素数でしょうか？

えっ？　$a+bi$の形になっていないので，複素数ではないでしょう。

残念。**5は複素数です。**
5は，$a+bi$において$a=5$，$b=0$の場合ですから，5はちゃんとした複素数なんですよ。

あっ，そうか。ちょっと待ってください。ということは……，
実数はすべて複素数ってことですか？

◀ その通りです。「実数と複素数はちがう」と勘違いしがちですが，**実数は複素数の一部なんです。**ここはよく注意してください。

◀ そういうことか。じゃあ，虚数って……？

◀ 虚数とは，$a+bi$であらわせる複素数のうち，$b \neq 0$となる数です。
つまり虚数とは，複素数のうちで実数ではないもののことです。

◀ なるほど……。むずかしいっす！

◀ とにかく虚数は必ずiが登場する数，と覚えておけば十分です。
また，特にbiと表せる数を**純虚数**といいます。
ところで，$a+bi$を$a+ib$と書くこともありますが，これは同じことです。
これらをまとめると，次のページの図のようになります。

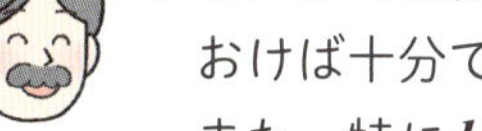

つまり，複素数が一番広い概念で，その中に実数と虚数が含まれるんですね。

◀ 実数bが0か0以外かで実数になったり虚数になったりするけど，結局，全部複素数に含まれるってことなんですね。

その通りです。

ポイント

実数$=a+bi$ において，$b=0$ の場合の数。

※実数と複素数は別物ではなく，実数は複素数の一部。

虚数$=a+bi$ において，$b\neq 0$ の場合の数。

※ i が登場する数はすべて虚数と考えてよい。

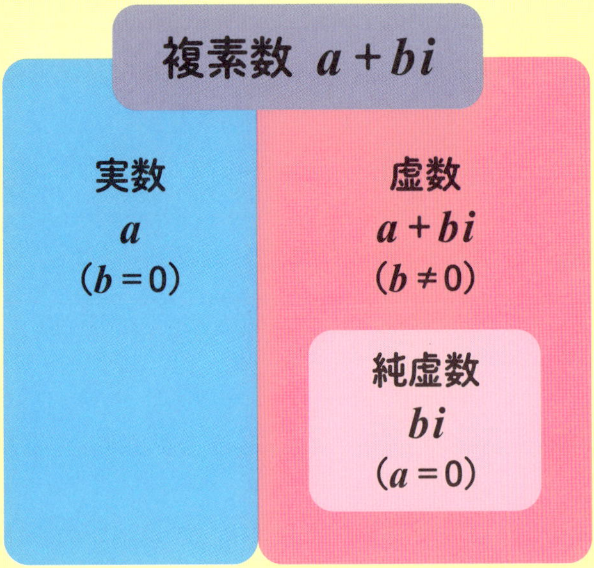

複素数 $a+bi$

- **実数** a $(b=0)$
- **虚数** $a+bi$ $(b\neq 0)$
  - **純虚数** bi $(a=0)$

複素数の足し算・引き算・かけ算・割り算に挑戦！

虚数や複素数について整理できたところで，実際に**複素数を使った計算**をしてみましょう。

計算かぁ。
iを使う計算なんて想像もつかないです……。

そう心配しなくても大丈夫ですよ。iは，xやyのような通常の文字とほぼ同じようにあつかうことができるため，実数の計算と大きくは変わらないんですよ。
まずは，複素数$2+3i$と$5+i$の**足し算**をやってみましょう。

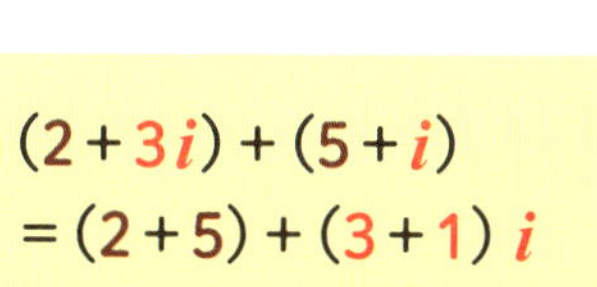

$$(2+3i)+(5+i)$$
$$=(2+5)+(3+1)i$$
$$=7+4i$$

というわけで答は$7+4i$です。ほら，簡単でしょう。

本当だ。二つの複素数の実部と虚部を別々に足し算すればいいんですね！

◀ その通りです。では，$(2+3i)-(3+5i)$ という**引き算**もやってみましょう。引き算もやり方は同じです。

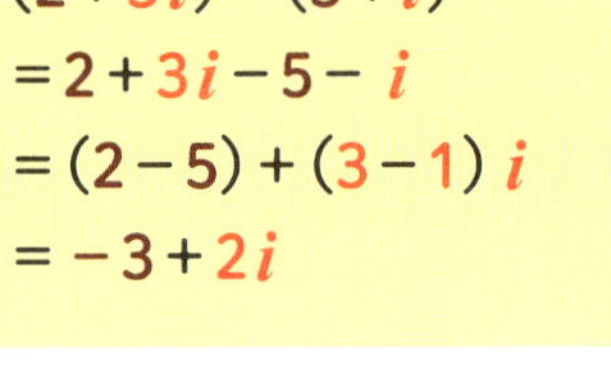

$$(2+3i)-(5+i)$$
$$=2+3i-5-i$$
$$=(2-5)+(3-1)i$$
$$=-3+2i$$

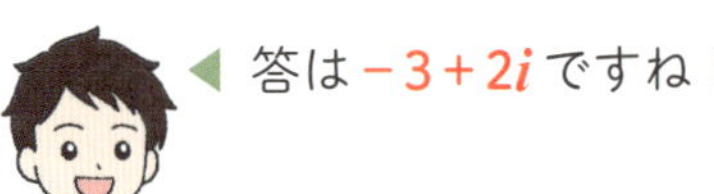

◀ 答は $-3+2i$ ですね！

◀ その通り！　じゃあ，次は**かけ算**と**割り算**をやってみましょう。
複素数のかけ算と割り算は，「$i^2=-1$」ということに気をつけないといけません。
あとは通常の文字が入った計算と同じですよ。
まずは $(2+3i)\times(5+i)$ を計算してみます。

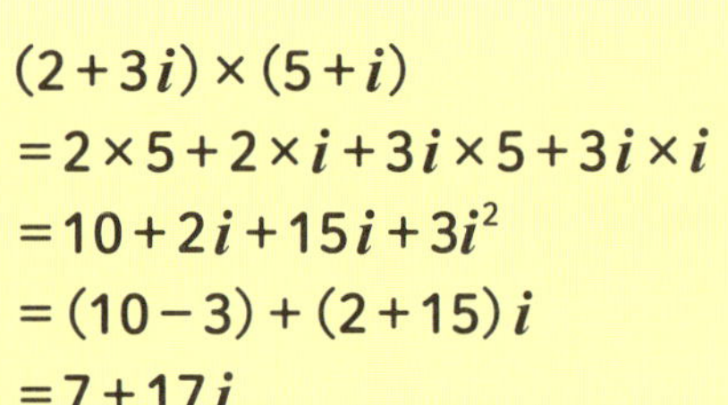

$$(2+3i)\times(5+i)$$
$$=2\times5+2\times i+3i\times5+3i\times i$$
$$=10+2i+15i+3i^2$$
$$=(10-3)+(2+15)i$$
$$=7+17i$$

というこことで，答は$7+17i$です。

i^2が出てきたら，そのときに-1に変換すればいいわけですね。

そういうことです。では最後に**割り算**です。$(2+3i)\div(5+i)$を計算してみます。

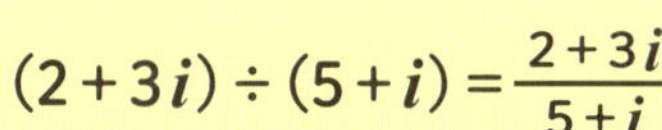
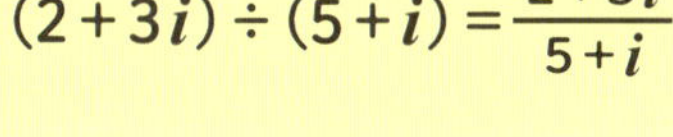

$$(2+3i)\div(5+i)=\frac{2+3i}{5+i}$$

これで終わりですか？
これ以上は計算できなそうですけど。

iが通常の文字であれば，ここで終了でしょう。
でも$i^2=-1$を利用することで，この答をもっとシンプルにすることができます。
そのときに使うのが，「分母の**共役複素数**を，分子と分母にかける」という技です！

うお～，むず！
そもそも**共役複素数**って何でしょうか!?

ゆうとさんはまだ中2ですからね。では**共役複素数**について説明しましょう。
たとえば，$5+i$ の共役複素数は，$5-i$ です。
こんなふうに，**ある複素数の虚部についているプラス・マイナスの符号を入れかえたものを，共役複素数というんです。**

ポイント

共役複素数

複素数の虚部についている符号のプラス・マイナスを入れかえたもの。

例

$5+i$ の共役複素数　→　$5-i$

なるほど。

先ほどの $(2+3i) \div (5+i)$ は，共役複素数を使うと次のようになります。

$$(2+3i)\div(5+i)=\frac{2+3i}{5+i}$$

分子と分母に $5+i$ の共役複素数 $5-i$ をかける

$$=\frac{(2+3i)(5-i)}{(5+i)(5-i)}$$

$$=\frac{10-2i+15i-3i^2}{25-i^2}$$

$$=\frac{(10+3)+(-2+15)i}{25+1}$$

$$=\frac{13+13i}{26}$$

$$=\frac{1}{2}+\frac{1}{2}i$$

はい，というわけで，$(2+3i)\div(5+i)$ の答は $\frac{1}{2}+\frac{1}{2}i$ です。

うぉっ，めっちゃシンプルになった。

分母に虚数単位が残っている分数は，今やったように分母の共役複素数を分子・分母にかけることでシンプルにすることができるんですよ。一応，文字式でも複素数の計算を確認しておきましょう。

複素数の計算（a，b，c，d は実数）

足し算

$$(a+bi)+(c+di)=(a+c)+(b+d)i$$

引き算

$$(a+bi)-(c+di)=(a-c)+(b-d)i$$

かけ算

$$\begin{aligned}&(a+bi)\times(c+di)\\&\quad=a\times c+a\times di+bi\times c+bi\times di\\&\quad=(ac-bd)+(ad+bc)i\end{aligned}$$

割り算

$$(a+bi)\div(c+di)=\frac{a+bi}{c+di}$$

分母の共役複素数（$c-di$）を分子と分母にかける

$$=\frac{(a+bi)(c-di)}{(c+di)(c-di)}$$

$$=\frac{ac-adi+bic-b^2i^2}{c^2-d^2i^2}$$

$$=\frac{ac+bd+(bc-ad)i}{c^2+d^2}$$

$$=\frac{ac+bd}{c^2+d^2}+\frac{bc-ad}{c^2+d^2}i$$

（割り算の場合は，$c=d=0$ の場合は考えません。）

割り算だけ超複雑……。

ところで，**a，b，c，dを実数として，二つの複素数$a+bi$と$c+di$が等しいとは，$a=c$であって，しかも$b=d$であることと約束します。**これは，複素数を複素平面上の点と考えて，同じ点になっていることですので，もっともな約束ですね。
複素数の基本的な計算は以上です。

実数の足し算・引き算を，矢印で考えよう

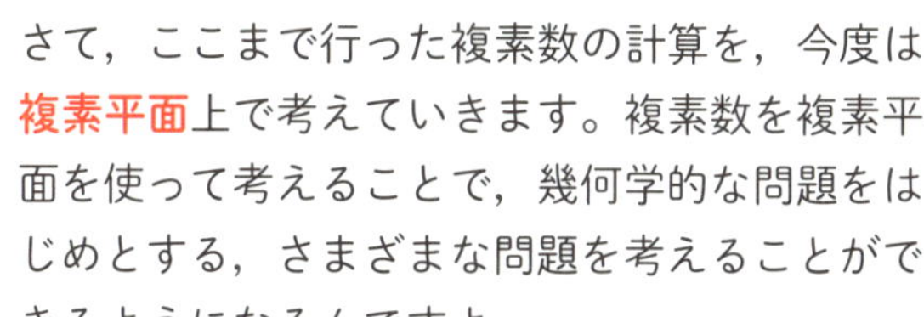

さて，ここまで行った複素数の計算を，今度は**複素平面**上で考えていきます。複素数を複素平面を使って考えることで，幾何学的な問題をはじめとする，さまざまな問題を考えることができるようになるんですよ。

複素数の計算を複素平面で視覚化してみるわけですか。

その通りです！　まずは，**実数**の**足し算・引き算**を，**数直線**を使って考えてみましょう。たとえば，**2＋4**の足し算を数直線で考えてみます。

2＋4は，数直線だと，「＋2をあらわす矢印の終点に，＋4をあらわす矢印をつなげる操作」と考えることができます。先ほど注意しましたが，＋4の矢印は数直線上で平行移動しても同じ矢印です。

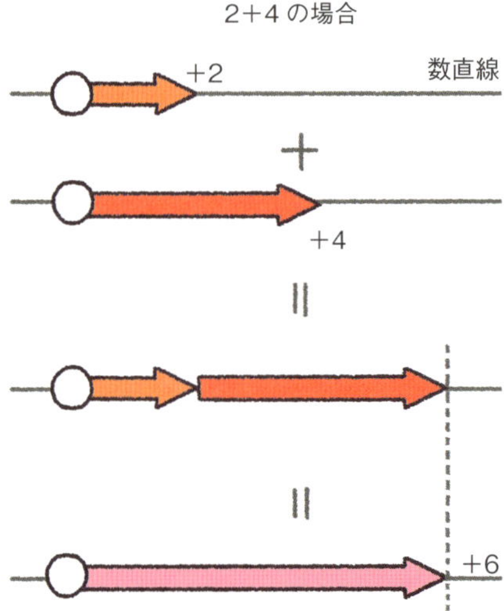

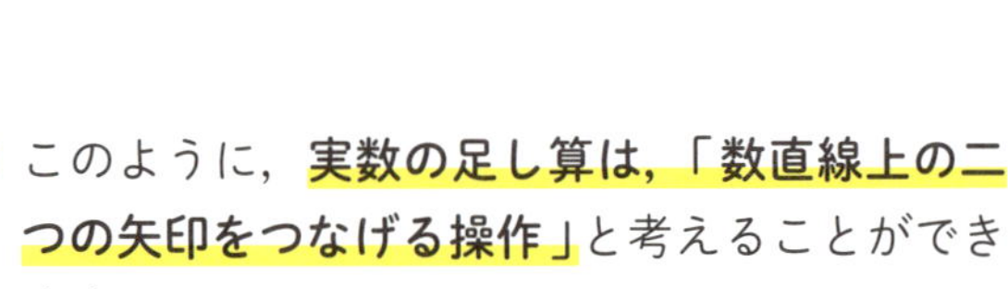

このように，**実数の足し算は，「数直線上の二つの矢印をつなげる操作」**と考えることができます。

なるほど〜。

また，2−4の場合は，次の図のように，「4の矢印の先端から，2の矢印の先端までの矢印を引き，その矢印の右端が原点になるように平行移動させる操作」と考えることができます。その矢印の左端が2−4の答となります。

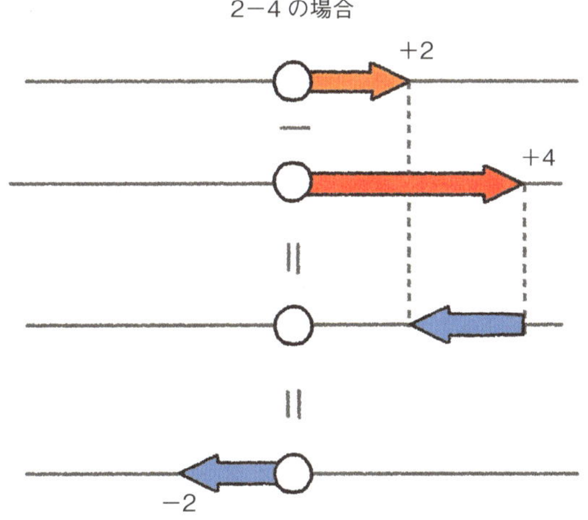

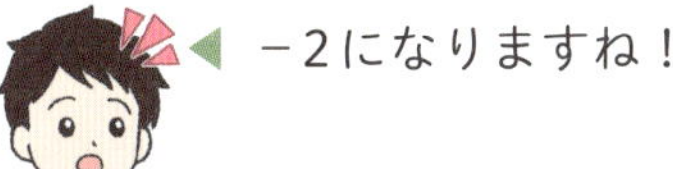

−2になりますね！

実数の引き算は，「後ろの数（引く数）の矢印の先端から，前の数（引かれる数）の矢印の先端に矢印を引きます。そうしてできた矢印の末端を原点に移動する操作」ということになります。これが数直線を使った足し算・引き算の考え方です。

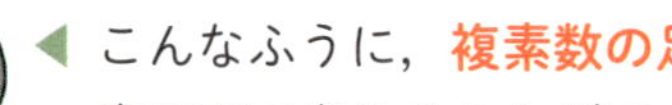

こんなふうに，**複素数の足し算・引き算**も，複素平面で考えることができるんですね。
実際に，複素数**A＝5＋2i**と複素数**B＝1＋4i**の足し算を考えてみましょう。
はじめに，5＋2iと1＋4iを複素平面上にあらわしてみましょう。

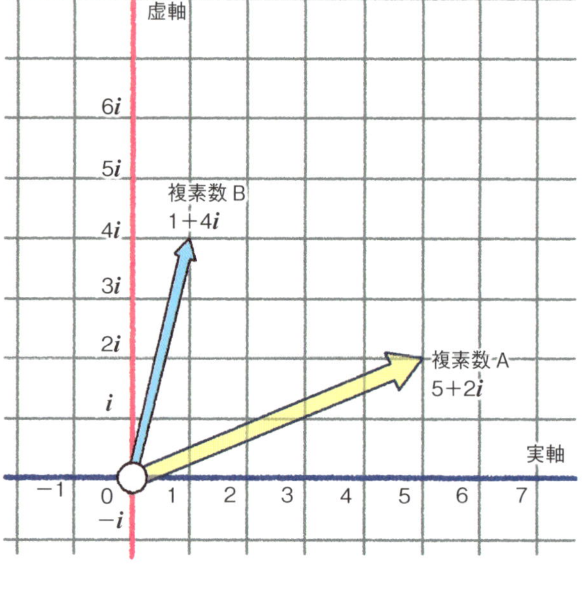

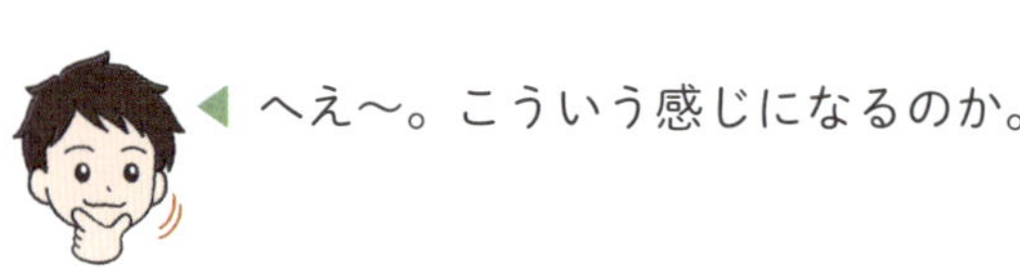

へえ～。こういう感じになるのか。

◀ では二つを足してみましょう。実数のときと同じで，矢印をつなげればいいんですよ。複素数Bの矢印を，複素数Aの矢印の先端部分まで平行移動させましょう。

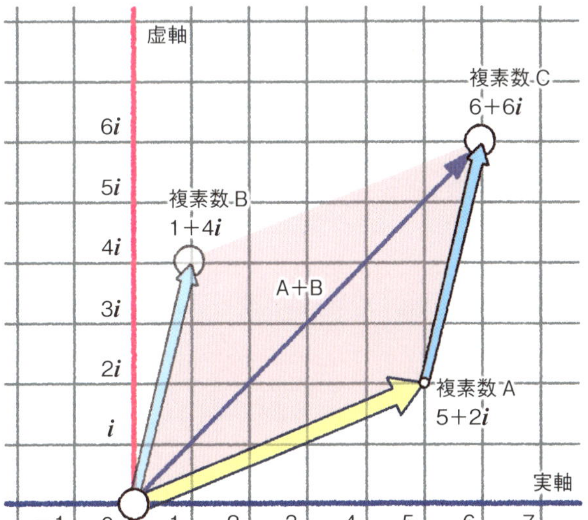

◀ 継ぎ足した矢印の先端を見てください。横に6，縦に6の場所にあります。ここから$(5+2i)+(1+4i)$は$6+6i$となることがわかります。原点からこの点に引いた矢印がA＋Bとなります。

◀ おおっ！　すごい！
じゃあ，引き算はどうなりますか？

では今やった計算の答を複素数Cとしましょう。複素数$C=6+6i$から複素数$A=5+2i$を引いて$C-A$を計算してみましょう。やりかたは実数の計算と同じです。
まず，複素平面上に複素数Aの矢印を書きます。その先端から，複素数Cの先端に向かって矢印を引きます。するとこれが$C-A$の矢印になります。複素数の矢印は平行移動してもよいので，この矢印の始点を原点にもってくれば，その矢印の先端が計算の答となります。
答は$1+4i$で，$A+B=C$だったので，$C-A=B$にちゃんとなっていますね。

本当だ！

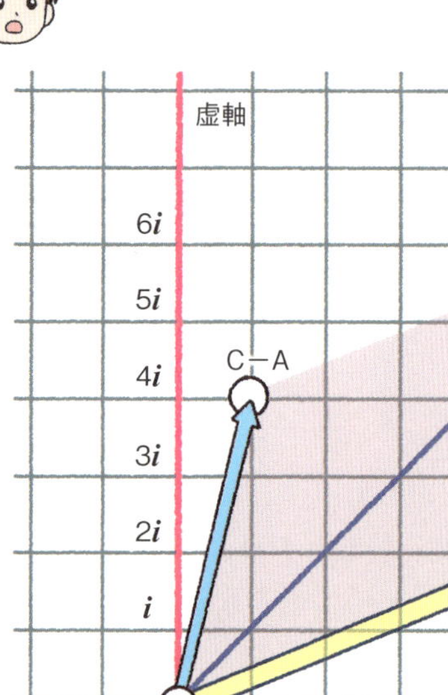

マイナス1のかけ算は，180°の回転

さあ，続いてかけ算を見ていきましょう。
まずは，(+1)×(−1)という単純な実数のかけ算を複素平面で考えてみましょう。当然答は−1になるのですが，複素平面では次のように視覚的に考えることができます。

+1に−1をかけると，
原点を中心に反時計まわりに180°回転して−1になる。

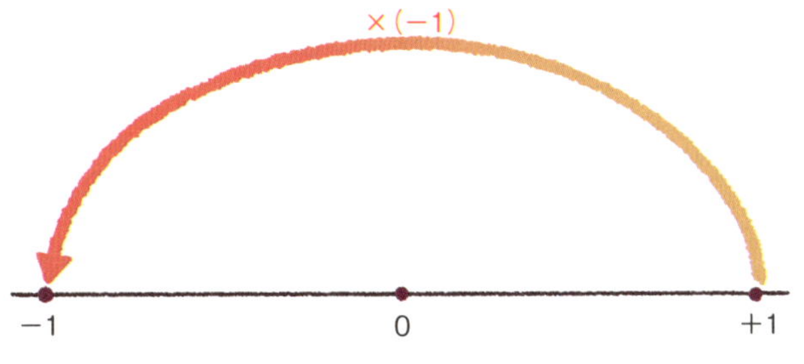

180°反転してますね。

その通り！　このように，**−1のかけ算は，複素平面上の点を原点を中心に180°回転させる操作と考えることができます。**
−1のかけ算を反時計まわりの180°の回転だと考えると，マイナス×マイナスがプラスになるという数学の約束ごとも一目瞭然です。

たとえば$(-1)\times(-1)$の計算も同様に，-1の点を，原点を中心に180°回転させる操作だと考えることができるからです。

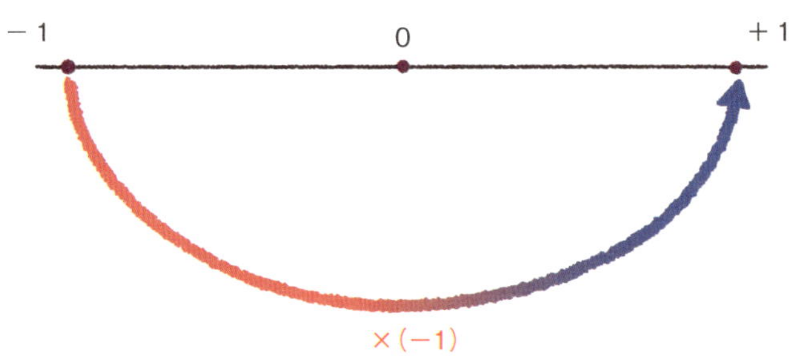

なるほど，だから+1になるんですね。

そういうことです！
さて次に，**虚数単位iのかけ算**を考えてみましょう。虚数単位iのかけ算は複素平面上でどのようにあらわされると思いますか？

いや，さっぱり見当もつきません。

1にiを何回かけ算したら元の1に戻るかを考えると，ヒントになるかもしれません。

1に戻る？

1回目　$1 \times i = i$

2回目　$i \times i = i^2 = -1$

3回目　$-1 \times i = -i$

4回目　$-i \times i = -i^2 = 1$

お，4回目でやっと1に戻ってきました。

そうですね。
このようすを複素平面で見てみましょう。

1. 1にiをかけると，反時計まわりに90°回転してiになる。

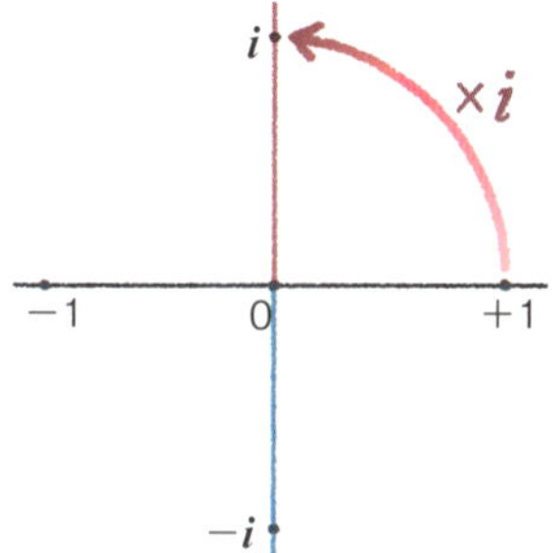

2. iにiをかけると，反時計まわりに90°回転して−1になる。

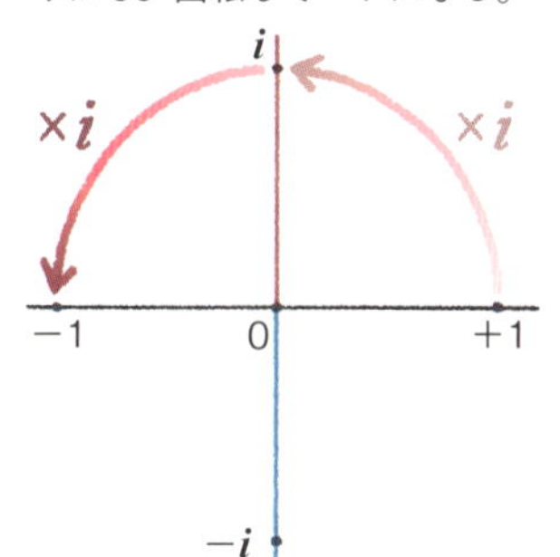

3. -1 に i をかけると，反時計まわりに90°回転して $-i$ になる。

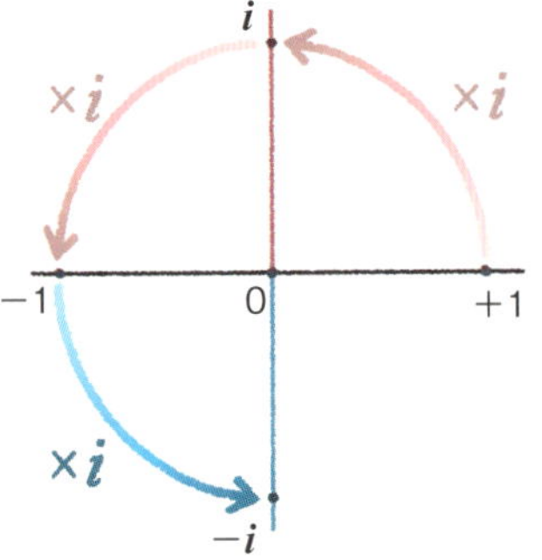

4. $-i$ に i をかけると，反時計まわりに90°回転して $+1$ になる。

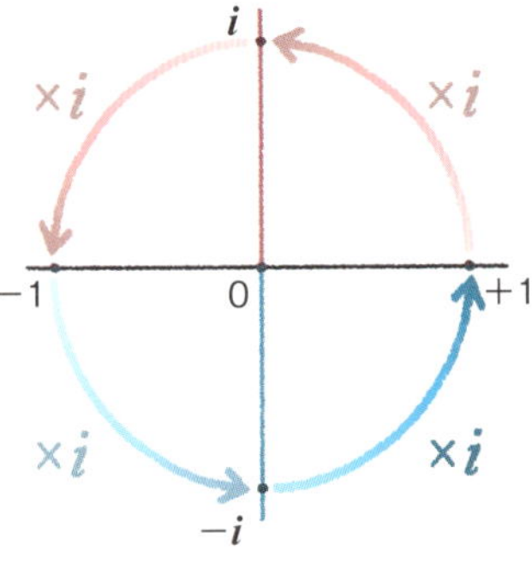

あっ，i をかけるたびに90°ずつ回転しています。

その通りです。
「i のかけ算は，複素平面上では，反時計まわりに90°回転させる操作」と考えることができるんです。これは，1以外の実数に i をかけても同じことです。

へええ～！　1以外の実数でも同じってことは，複素数×i でも同じことがおきますか？

では複素数に i をかけてみましょう。
$(3+2i)\times i$ を考えてみましょう。

$$
\begin{aligned}
(3+2i)\times i &= 3i+2i^2 \\
&= -2+3i
\end{aligned}
$$

これを複素平面で見ると，どうでしょうか？

$(3+2i) \times i = (-2+3i)$

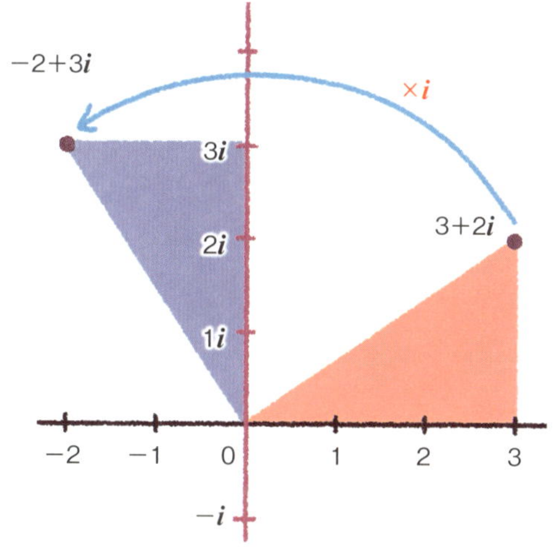

あぁ！　やっぱり90°の回転になってますね！

そうなんです。
実数だけでなく，複素数にiをかけても，反時計まわりに90°回転するんです！

ポイント

虚数単位iのかけ算は，複素平面上で，反時計まわりの90°の回転である！

複素数どうしをかけ算すると，回転と拡大がおきる

では，最後に**複素数どうしのかけ算**をやってみましょう。
1，$(1+i)$，i にそれぞれ複素数 $(3+2i)$ をかけ算する場合を考えてみます。

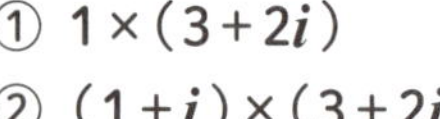

① $1\times(3+2i)$
② $(1+i)\times(3+2i)$
③ $i\times(3+2i)$

①$1\times(3+2i)$ は，考える間もなく答は $3+2i$ ですよね？

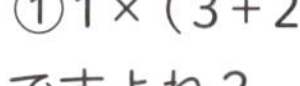

① $1\times(3+2i)=3+2i$

そうですね。では同じように②$(1+i)\times(3+2i)$ の計算も見てみましょう。

② $(1+i)\times(3+2i)=1\times3+1\times2i+i\times3+i\times2i$
$=3+2i+3i-2$
$=1+5i$

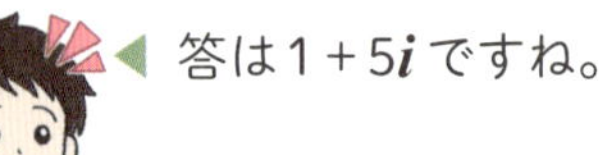

答は $1+5i$ ですね。

◀ その通り！　①と②の計算を複素平面上にえがいたのが，次のページのイラストです。

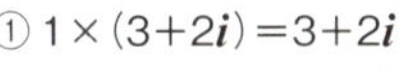

① $1\times(3+2i)=3+2i$

② $(1+i)\times(3+2i)=1+5i$

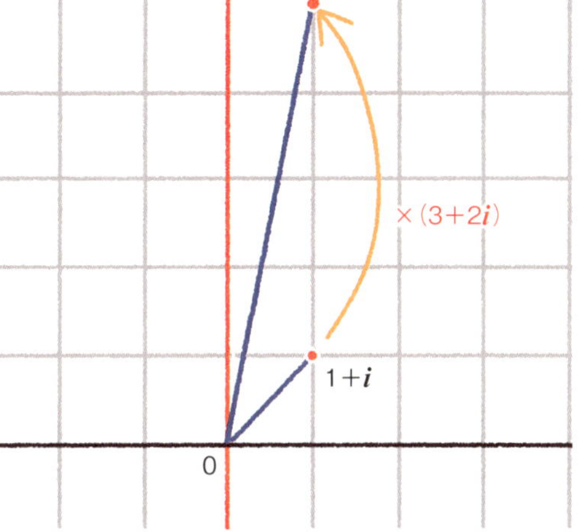

原点と1や1+iを結ぶ線分が，3+2iをかけると，反時計回りにいくらか回転しています……。それに線分の長さも変わっていますね。

その通り！　よく気づきましたね。では最後に③$i\times(3+2i)$をやってみましょう。

$$
\text{③}\quad i\times(3+2i)=i\times3+i\times2i \\
=-2+3i
$$

この答は−2+3iになりますね。これも複素平面にえがくと，次のようになります。

③ $i\times(3+2i)=-2+3i$

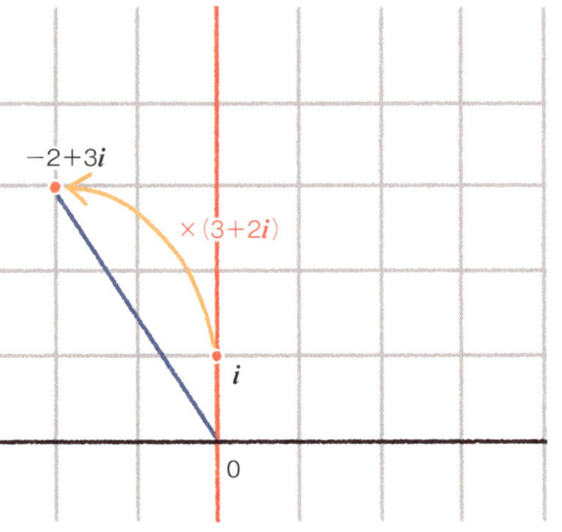

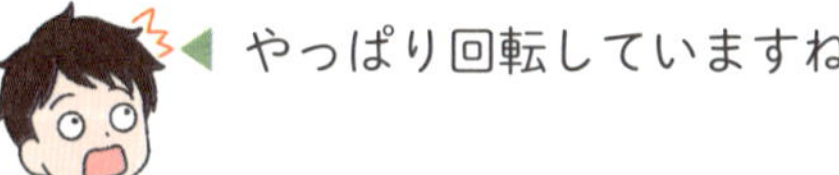

やっぱり回転していますね。

そうですね。次に，今見た①〜③の計算を，全部複素平面上にえがいて見てみましょう。

あっ！　かけ算される前の数でできる四角が，でかくなって傾いてる！

そうなんです！
原点と三つの複素数1，$1+i$，iでできる正方形が，回転して拡大されているんです。

複素平面では，複素数に複素数をかけると，回転かつ拡大がおきるんです。
そして，複素平面上の複数の点がつくる図形に対して，複素数のかけ算を行うと，図形は相似を保ちながら回転・拡大（あるいは縮小）をすることになるんです。

ポイント

複素平面上の複数の点がつくる図形に一つの複素数をかけると，図形は相似のまま回転・拡大（縮小）する。

面白い〜！

面白いでしょう。こんなふうに，複素数を用いれば，図形の回転や拡大といった幾何学的な問題があつかいやすくなるんですよ。

複素数を使えば，図形を拡大・回転させる操作ができる，ってことなんですね。
でも，複素数のかけ算をしたらどれくらい回転と拡大がおきるのでしょうか？

まずはどれくらい拡大されるのか，すなわち**拡大率**についてお話ししましょう。

拡大率は，かけ算する複素数の原点からの距離に等しくなります。これを**複素数の絶対値**といいます。
たとえば，$3+2i$であれば，原点からの距離（絶対値）は$\sqrt{13}$です。
この値から，先ほどの正方形は，**$\sqrt{13}$（≒3.6）倍**に拡大されたということがわかります。

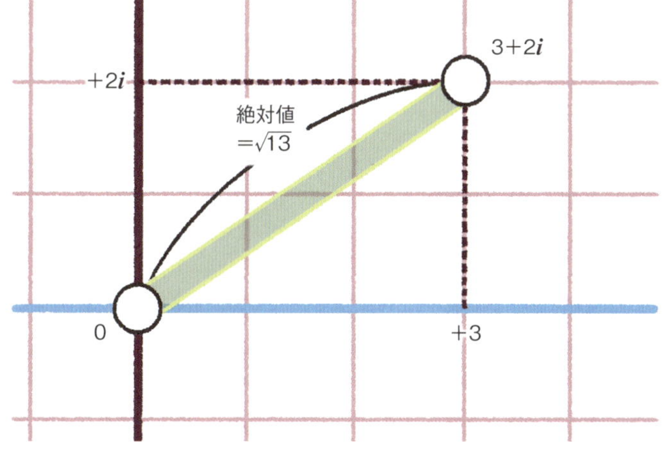

絶対値がわかれば，どれぐらい拡大したかがわかるんですね。ところで，なぜ$3+2i$の原点からの距離が$\sqrt{13}$とわかるんでしょうか？

ピタゴラスの定理（34～35ページ）を使えば簡単ですよ。

ピタゴラスの定理では，直角三角形の斜辺の二乗が，ほかの二つの辺の二乗を足し合わせた長さに等しくなります。これを使うと，$3+2i$の絶対値は次のように計算できます。

(絶対値)$^2=3^2+2^2$
(絶対値)$^2=13$
絶対値は正の数なので
(絶対値)$=\sqrt{13}$

ふむふむ。

文字式でも確認しておきましょう。$\boldsymbol{a}$，$\boldsymbol{b}$を実数として複素数$\boldsymbol{a+bi}$の絶対値は次のようになります。

ポイント

複素数 $\boldsymbol{a+bi}$
(絶対値)$=\sqrt{a^2+b^2}$

絶対値が1より大きければ拡大し，1より小さければ縮小します。

次に，図形がどれくらい回転するのか，すなわち回転角を考えましょう。これは**かけ算する複素数と原点を結ぶ線分が実軸の正の向きとなす角に等しくなります。**

この角を**複素数の偏角**といいます。

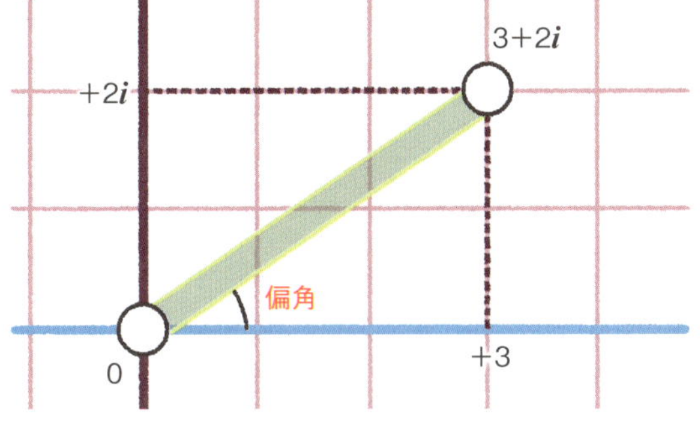

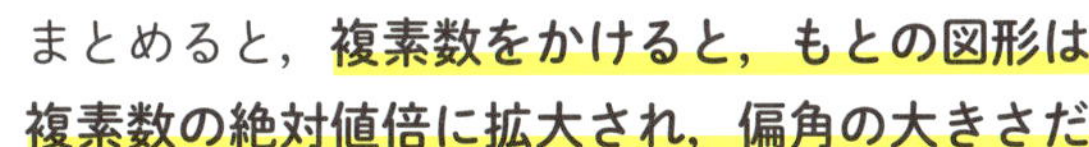

まとめると，**複素数をかけると，もとの図形は複素数の絶対値倍に拡大され，偏角の大きさだけ回転することになります。**

なお，ここで偏角θは$-180° < \theta \leqq 180°$の範囲で考えることにします。こうしておくと，図からもわかるように，0でない勝手な複素数$a+bi$に対して偏角θが一通りに決まります。たとえば，$1+i$の偏角は45°，$-1+i$の偏角は135°，$-1-i$の偏角は$-135°$となります。

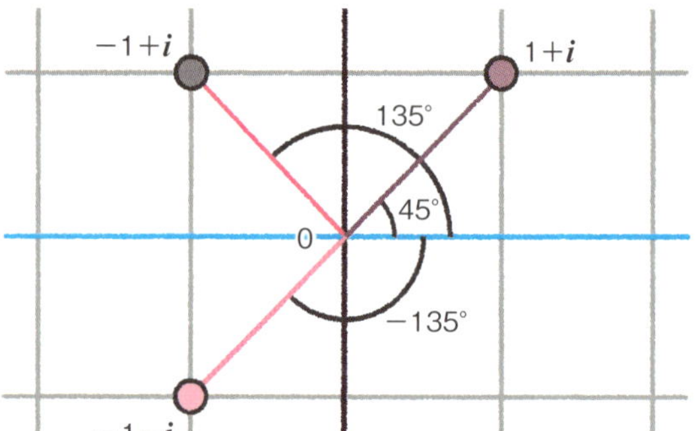

● ポイント

複素平面上の図形に複素数をかけると，もとの図形は複素数の絶対値倍に拡大し，偏角の大きさだけ回転する。

複素平面でカルダノの問題を確認してみよう

さて，複素平面を使った複素数の計算について，少し理解が深まったでしょうか？　ここで，先ほどの**カルダノの問題**をあらためて考えてみましょう。

「足して10，かけて40になる二つの数字は何か？」という問題でしたね。
問題の答は **$5+\sqrt{-15}$**（$=5+\sqrt{15}i$）と，**$5-\sqrt{-15}$**（$=5-\sqrt{15}i$）でした。

その通り。そして，A＋B＝10，A×B＝40となることも確認できました。これを，複素平面上でも見てみましょう。
まず，複素数（$5+\sqrt{-15}i$），（$5-\sqrt{-15}i$）を複素平面にあらわします。
これを使って，複素平面上の**足し算**をしてみましょう。

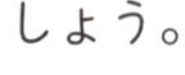

矢印をつなげるんですよね！

その通りです！
A＋Bは，**「Aをあらわす矢印」の終点に，「Bをあらわす矢印」の始点が来るように平行移動してつなげればいいんです。**やってみましょう！

複素数A＋複素数Bを複素平面であらわす

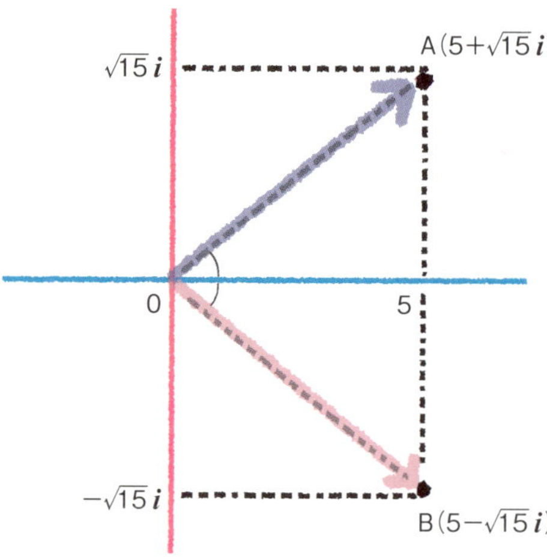

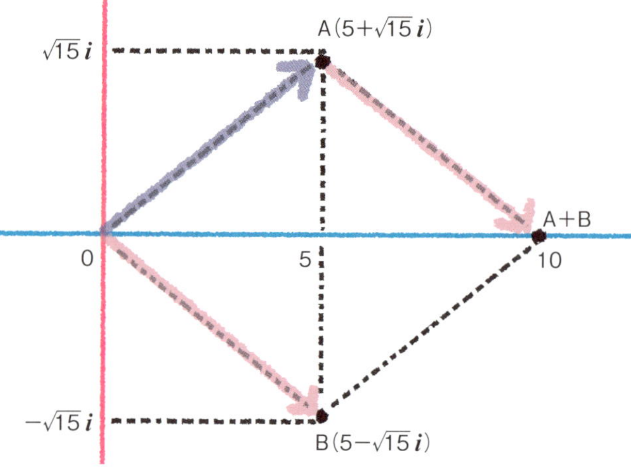

おぉー！

ちゃんと矢印の先端が実数軸の10にきてます！　$(5+\sqrt{15}i)+(5-\sqrt{15}i)=10$で まちがいないですね！

じゃあ次は，**A×B＝40**の確認ですね。

複素数のかけ算は，**回転**と**拡大**でしたね。**絶対値の倍率で拡大して，さらに偏角の分だけ回転させれば，A×Bの答になるはずです。**

まず**Aの絶対値**を計算しましょう。

絶対値は**原点からの距離**のことでしたね。

ピタゴラスの定理を使うとAの絶対値は次のように計算できます。

複素数 $A=5+\sqrt{15}i$

$$(\text{絶対値})^2=5^2+\sqrt{15}^2$$
$$=25+15$$
$$=40$$

絶対値は正なので

$$(\text{絶対値})=\sqrt{40}$$

というわけで，Aの絶対値は$\sqrt{40}$です。

続いて，回転角を見てみましょう。**Aの偏角**は，**Aの矢印と実軸がなす角**です。点Aの偏角をθとしておきましょう。

同じようにB（$=5-\sqrt{15}\,i$）をあらわす点Bをえがいてみると，点Aと同じく**絶対値は$\sqrt{40}$**になります。

複素数Aの偏角をθとおいたので，Aを実軸においた鏡で映したような対称な位置にある複素数Bの偏角は，偏角の定め方から$-\theta$になります。

「A×B」の答となる複素数の絶対値（原点からの距離）は（Aの絶対値）×（Bの絶対値）となります。

一方，**偏角は（Aの偏角）+（Bの偏角）となります。**

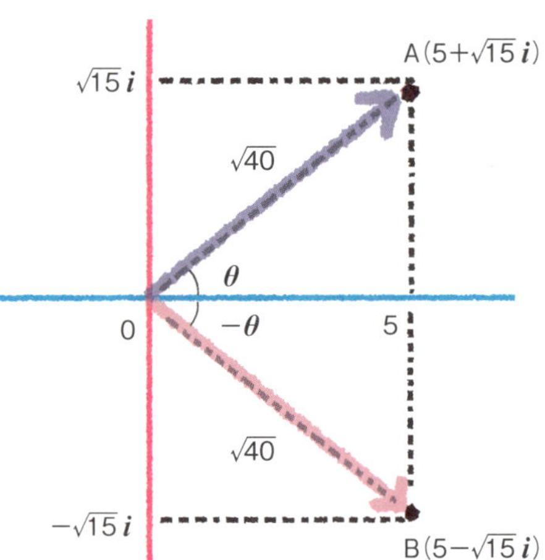

ということは「A×B」の絶対値は$\sqrt{40}\times\sqrt{40}=40$ですね！

その通り！

そして，A×Bの偏角を計算すると，$\theta+(-\theta)=0$でしょうか？

その通りです。すなわちA×Bの答は原点からの距離（絶対値）が40で，偏角（実軸となす角）が0になる点によって示される数です。
これは，実数の40にほかなりません。
図にすると次のようになります。

つまり，A×B＝40ということですね！
やっぱり，A＋B＝10，A×B＝40であることが確認できましたね。

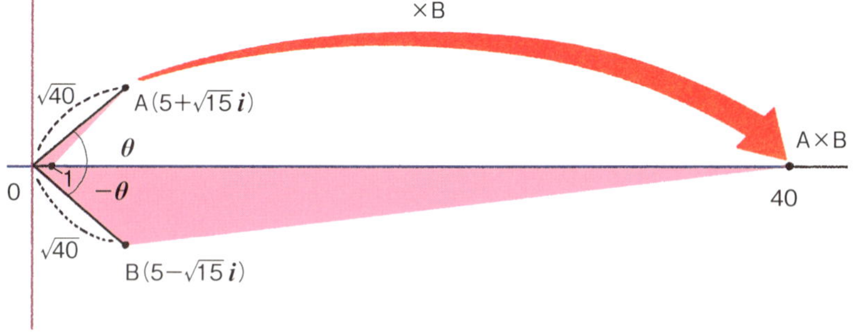

複素平面に正多角形をえがく魔法の数式

複素数や複素平面の発明は，実数に限られていた数学の世界をさらに大きく発展させるきっかけになりました。ここでは，大数学者ガウスの複素数にまつわる業績を紹介しましょう。

ガウスって，複素平面をつくりあげるのにも貢献した人物ですよね。

はい。
ガウスは，複素平面のアイデアを使うことで，さらに正多角形に関する重要な性質を明らかにしたんです。

どんな性質ですか？

唐突ですが，1，i，−1，$-i$ という四つの複素数を考えます。これらはどれも4乗すれば１になります。つまり，**これら四つの数は，どれも方程式 $x^4=1$ の解であり，「1の4乗根」といいます。**

$x^4=1$ という方程式には四つも解があるわけですね。

ええ，そうです。
この四つの複素数を複素平面上にえがき，直線で結ぶと，その4点を頂点とする正方形ができます。
これはつまり$x^4=1$の解が，この正方形の頂点に対応する複素数であることを意味します。さらに，この性質はすべての正n角形についてあてはまります。

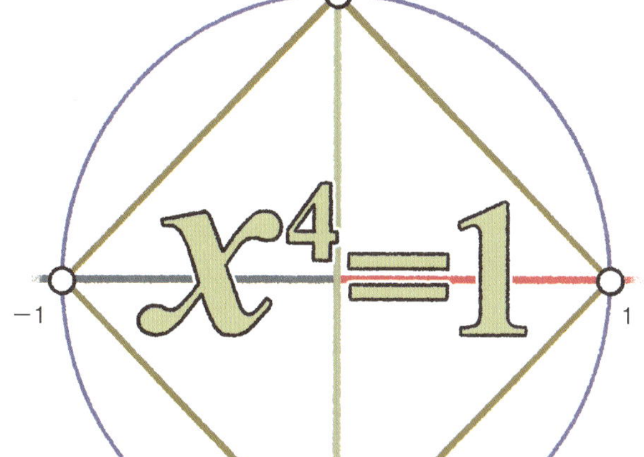

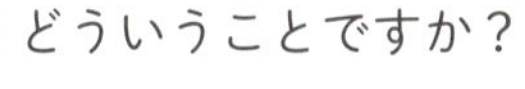

どういうことですか？

複素平面上で，原点を中心にもち，頂点の一つが1となるような**正n角形**をえがくと，その各頂点は$x^n=1$の解になっているんです！

たとえば，**正5角形**であれば，$x^5=1$の解が頂点になっているということですか？

その通りです。正17角形であれば，$x^{17}=1$の解です。

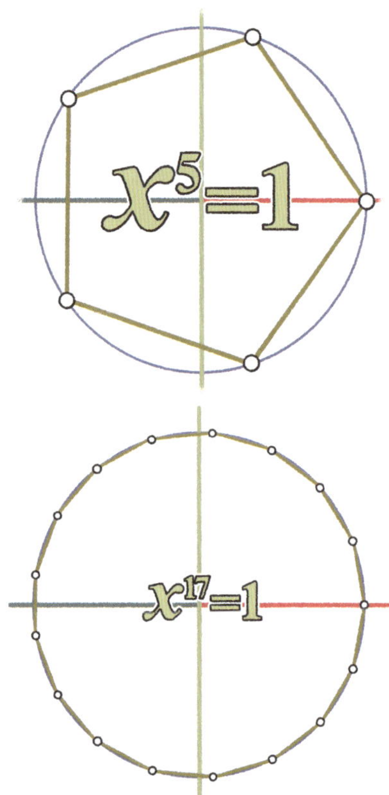

この性質を利用して，ガウスは，正多角形をコンパスと目盛りのない定規だけで作図できるかどうかという古代ギリシア以来の問題を解決しました。
ガウスは，$x^n=1$の解が正多角形の頂点にくることを利用して，**正17角形**と**正257角形**，さらには**正6万5537角形**などがコンパスと目盛りのない定規だけで作図できることを証明したんです。

正6万5537角形って……！　ほぼ円じゃないですか！

この発見が，ガウスを**数学者の道**に進ませたといわれています。さらに，ガウスの複素数に関する偉大な業績はこれだけにとどまりません。1799年には**代数学の基本定理**という超重要な定理を証明しました。

だいすうがくのきほんていり？

はい，これは，**「どんなn次方程式でも，複素数の範囲で考えれば，必ずn個の解をもつ」**というものです。よりくわしくのべると，係数などに複素数しか出てこないようなn次方程式なら，その解は複素数の範囲に必ずおさまるということです。18世紀なかばから，多くの数学者がこの定理の証明を試みましたが，成功にはいたっていませんでした。ガウスが**はじめて証明に成功**したのです。

むずかしすぎて僕はまだ100％理解できないですけど，ガウスさん，すごいなぁ。

代数学の基本定理を習うのは高校や大学だと思いますから，まだ完璧に理解できなくても大丈夫ですよ。

数の旅は，虚数が終着駅

数の歴史は**自然数**からはじまりました。やがて，自然数の集合にゼロと自然数にマイナスの符号をつけた数を加えた**整数**，0でない整数と整数の比で定義された**有理数**，さらに有理数と無理数を合わせた**実数**へと広がっていきました。そして，16世紀にようやくたどりついたのが**虚数**でした。実数と虚数を合わせた数が，ガウスが命名した**複素数**です。

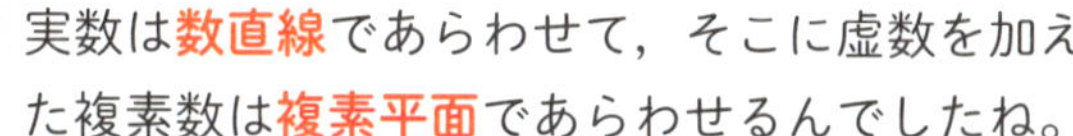

実数は**数直線**であらわせて，そこに虚数を加えた複素数は**複素平面**であらわせるんでしたね。

その通りです。
実数は数直線上にあるので，**直線的な広がり**をもち，複素数へと拡張されたことで数は**平面的な広がり**をもつようになりました。そしてさらに，平面的な広がりを得た数の世界をさらに拡張させようと試みた数学者もいました。

まだその先を!?

はい。それが，アイルランド生まれの数学者**ウィリアム・ローアン・ハミルトン**（1805～1865）です。
ハミルトンは，複素数に**第2の虚数**を加えて，1個の実数と2個の虚数からなる新しい数，いってみれば**三元数**をつくろうとしたんです！三元数はうまくいきませんでした。しかし，三元数にさらに**第3の虚数**を加えれば，四則演算（足し算，引き算，かけ算，割り算）が可能な新しい数ができることにハミルトンは気づきました。こうして生まれたのが，**1個の実数**と**3個の虚数**からなる新しい数，**四元数**（クォータニオン）です。

しげんすう？

四元数は，4個の要素をもつ**超複素数**です。四元数がもつ3個の虚数はそれぞれi，j，kの記号であらわされます。iとjとkは，いずれも**2乗すればマイナス1**になる虚数であり，さらに$i \times j = k$や，$i \times j \times k = -1$などの規則がなりたちます。

四元数は現在，**素粒子物理学**の一分野や，ロケット・人工衛星の**姿勢制御技術**，ゲームなどの**3Dグラフィック**などで活用されています。

おぉ！　すごい！

ただし四元数には，実数や複素数とはことなる，**特殊な性質**があります。実数や複素数は，かけ算の順番を入れかえても答は変わりません（かけ算の交換法則）。ところが，四元数はこの法則がなりたたないんです。

四元数ではかけ算の順番を入れかえられないんですか？

そうです。また，四元数は，n次方程式が解をもつために必要不可欠な数というわけではありません。**どのようなn次方程式でも，複素数の範囲に必ず解をもちます。そのため，四元数をもちだす必要はありません。**そのため今のところ，複素数こそが，自然数からはじまった「数の拡張」という長い旅路の**終着駅**だといえます。

4時間目

現代科学と虚数

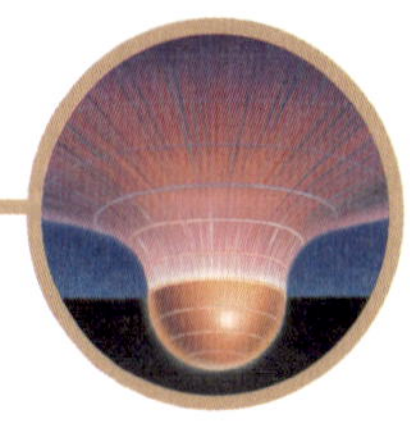

物理学には虚数が欠かせない

数直線上にはない，“想像上”の数，虚数。虚数は実は，自然の法則を解き明かす物理学の世界で大活躍しています。そして何と，宇宙の誕生の壮大な謎にまで関わっているかもしれないのです。

数学とは「言語」である

さて，虚数についての講義も最後の単元になりました。最後に，虚数がどのように役立っているのかについてお話ししましょう。ということで，ここからは**虚数と物理学**との関連について紹介していきましょう。

物理学って「自然界の法則を解き明かす学問」でしたっけ。でも虚数って，“想像上の数”なんですよね。それが自然界の謎を解き明かせるなんて，すごく不思議です。

そうかもしれませんね。

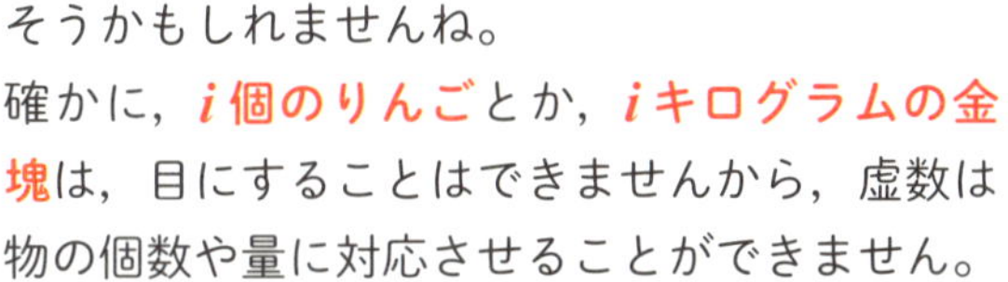

確かに，***i*個のりんご**とか，***i*キログラムの金塊**は，目にすることはできませんから，虚数は物の個数や量に対応させることができません。

でもこれは，マイナスの数だって同じです。**マイナス1個のりんご**や**マイナス3キログラムの金塊**だって目にすることはできません。マイナスの数も物の個数や量に対応させることができないのです。

じゃあ，**0個のリンゴ**も同じことですね。

そうです。でも，マイナスの数や0は当然，物理学に必要です。物の個数や量に対応できる数だけしか認めないような窮屈な数学では，自然界を記述するには役に立たず，物理学はうまくいかないのです。
別の考え方もあるでしょうが，つまり「数」というものは，自然界にそのまま実在するものではなく，自然界を記述するために人間が頭の中につくった**概念**だといえるでしょう。その意味で，数は一種の**言語**であるといえます。

へええ～！　数＝計算ぐらいにしか考えてなかったですけど，「数は言語」って，何か新しいです！

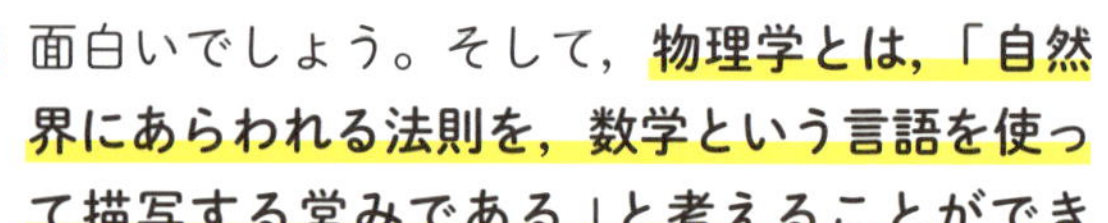

面白いでしょう。そして，**物理学とは，「自然界にあらわれる法則を，数学という言語を使って描写する営みである」と考えることができます。**

これはまさにガリレオ・ガリレイが言ったとされる「自然という書物は数学という言葉で書かれている」という考えです。

「数学を使って法則を描写する」なんて，すごすぎる！
数学のイメージがちょっと変わったかも。

i が登場する量子力学の世界

話を進めましょう。さて，とはいえ物理理論すべてに虚数が必要というわけではありませんでした。たとえば，イギリスの科学者**アイザック・ニュートン**（1642 ～ 1727）がつくった**ニュートン力学**には，虚数は表だって登場しません。

にゅーとんりきがく？

アイザック・ニュートン
（1642 ～ 1727）

ニュートン力学とは，「物体の運動」についての法則を解き明かす物理理論です。

ニュートン力学を用いれば，雨粒の落下から惑星の運動まで，自然界のさまざまな物体の運動について説明することができます。いわば物理全体の基礎となる，重要な理論なんです。

そして，その基本方程式である**運動方程式**を使うと，砲弾の軌道や月の公転運動などを説明することができます。

でも，その計算には実数しか登場しません。

$$F = ma$$

運動方程式

それから，イギリスの理論物理学者**ジェームズ・クラーク・マクスウェル**（1831 ～ 1879）が確立した**電磁気学**の基礎方程式にも虚数は必要ありません。

ジェームズ・クラーク・マクスウェル
(1831 ～ 1879)

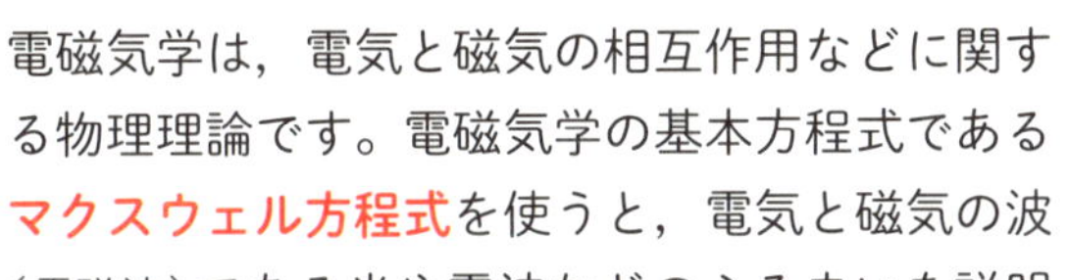

マクスウェル方程式

$$\nabla \cdot B = 0$$

$$\nabla \times H = \frac{\partial D}{\partial t} + j$$

$$\nabla \cdot D = \rho$$

$$\nabla \times E = -\frac{\partial B}{\partial t}$$

$$D = \varepsilon E$$

$$B = \mu H$$

電磁気学は，電気と磁気の相互作用などに関する物理理論です。電磁気学の基本方程式である**マクスウェル方程式**を使うと，電気と磁気の波（電磁波）である光や電波などのふるまいを説明することができます。
でも，この方程式には虚数は登場しておらず，実数しか必要としません。

虚数，ぜんぜん登場しないですね。

そうなんです。これらの理論は19世紀につくられた理論で，そこには虚数は登場しないんです。

虚数が登場し始めるのは，20世紀になってからです。1905年に，ドイツの物理学者**アルバート・アインシュタイン**（1879～1955）が**特殊相対性理論**を発表しました。特殊相対性理論では，虚数が理解の助けとなっています。

でも，**理論そのものに虚数が必要なわけではありません。**また，アインシュタインが1916年に発表した**一般相対性理論**も，虚数を使わなくても問題なく成り立ちます。

虚数，やっと登場したと思ったのに。

アルバート・アインシュタイン
（1879～1955）

相対性理論は，**時間**や**空間**，そして**重力**についての理論です。
たとえば，一般相対性理論は，**重力の正体**が質量をもつ物質がつくる**時空の曲がり**であることを明らかにした物理理論です。基本方程式である**アインシュタイン方程式**を使うと，大きな天体のまわりにできる時空の曲がりぐあいなどを求めることができます。
このアインシュタイン方程式も，実数しか必要としないんですね。

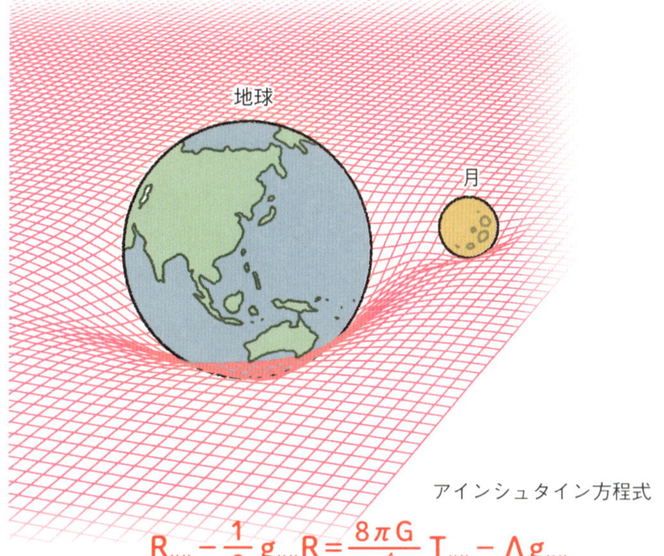

$$R_{\mu\nu}-\frac{1}{2}g_{\mu\nu}R=\frac{8\pi G}{c^4}T_{\mu\nu}-\Lambda g_{\mu\nu}$$

虚数が必要な物理理論，なかなか登場しませんね。

しかし，ついに虚数を必要とする物理理論が登場します。それが**量子力学（量子論）**です。
量子力学とは，原子や分子といった，**約1000万分の1ミリメートル以下**の大きさの，目には見えない**ミクロの世界**の現象を支配する法則のことです。19世紀末に，原子がかかわるようなミクロな世界の現象の研究が行われるようになると，**ミクロな物質はニュートン力学では説明できない不思議なふるまいをすることがわかってきたんです。**
そして，この量子力学の基盤となる方程式が，1926年にオーストリアの物理学者**エルヴィン・シュレディンガー**（1887～1961）によってつくられた**シュレディンガー方程式**です。ここに虚数単位 i が出てくるのです。

ついに登場しましたね！　でも，ニュートン力学が当てはまらないって，一体どんなふるまいなんだ～！

ミクロな物質のふるまいについて，少し説明しておきましょう。ミクロな物質の特に重要なふるまいには二つあります。まず一つ目が，**状態の共存**です。日常の世界の常識では，一つのものがあちこちに同時に存在することなどありえません。**でもミクロな世界では，電子などのミクロな物質は，一つでも，同時に複数の場所に存在するんです。**空間に広がって存在している，ともいえますね。

状態の共存

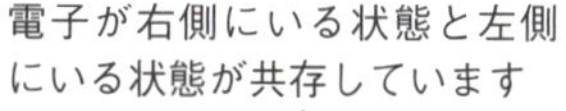

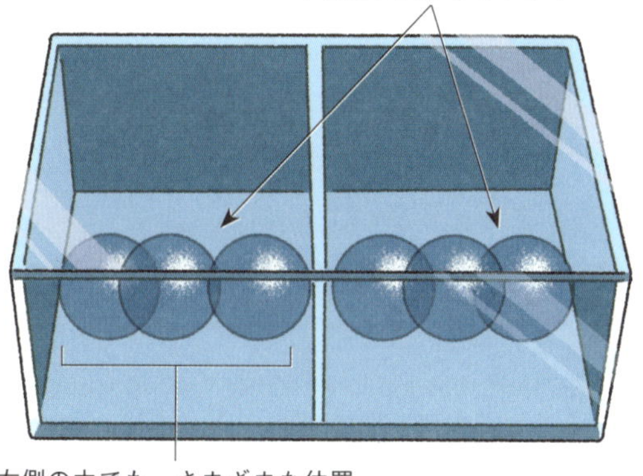

そしてもう一つの特徴は，**波と粒子の2面性**です。

電子などのミクロな物質は，粒子と波の性質を同時にもっているんです。まるで，白と黒の二面をもつオセロのコマのようなものです。

粒子だけど波？
粒子が波みたいに進んでいるってことですか？

いいえ，そうではないんです。先ほど，電子は一つでもたくさんの場所に同時に存在できるとお話ししました。現在は主に，「電子の波は**電子の存在確率**と関係する」と考えられています。これは，**コペンハーゲン解釈**といわれるものと深く関連しています。**コペンハーゲン解釈とは，「電子の波の振幅が大きい場所ほど，電子の発見確率が高く，振幅の小さい場所ほど電子の存在確率が低い」という考え方です。**

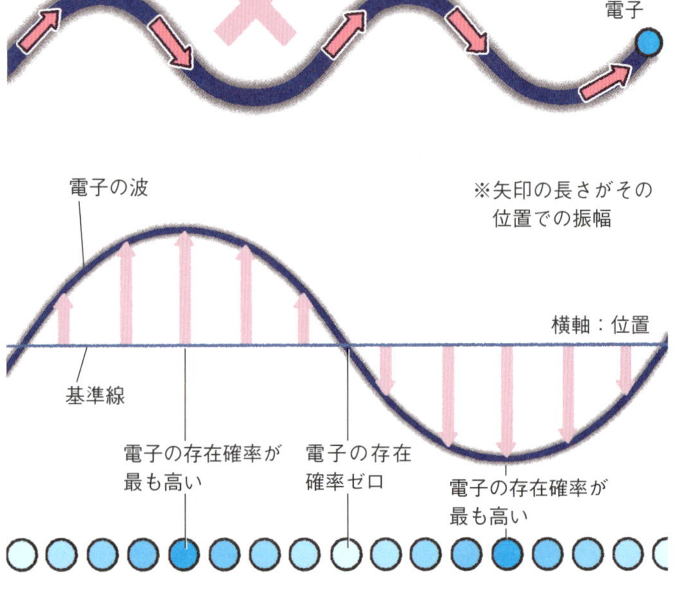

不思議だなぁ。量子力学って，これまで習った物理の常識は通用しないんですね。

そうなんです。専門的な内容なので，ぼんやりと雰囲気だけでも知っておいてもらえればじゅうぶんですよ。
そして，**現代の物理学は，一部の例外をのぞいて，すべて量子力学という土台の上に築かれているといっても過言ではありません。**
この量子力学の基礎をなす方程式が**シュレディンガー方程式**なんです。

エルヴィン・シュレディンガー
（1887 ～ 1961）

虚数単位

$$i\hbar\frac{\partial\psi}{\partial t}=\left\{-\frac{\hbar^2}{2m}\frac{\partial^2}{\partial x^2}+U(x)\right\}\psi$$

シュレディンガー方程式

式の先頭に*i*がついていますね。
この方程式は何のための式なんでしょうか？

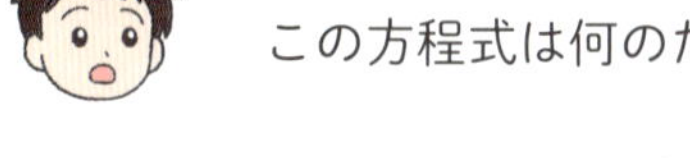

たとえば，ミクロの**水素原子**を考えます。水素原子は，**1個の陽子**と**1個の電子**からできています。中学校の理科では，中心に陽子があって，そのまわりを電子がまわっていると教わると思います。

はい。

しかし，それは量子力学の誕生前の考え方なんですね。量子力学では，電子は陽子のまわりをまわってなどおらず，陽子のまわりをぼんやりと広がって存在しているんです。いわば**“電子の雲”**が取り巻いている状態なんですね。

量子力学以前の
水素原子のイメージ

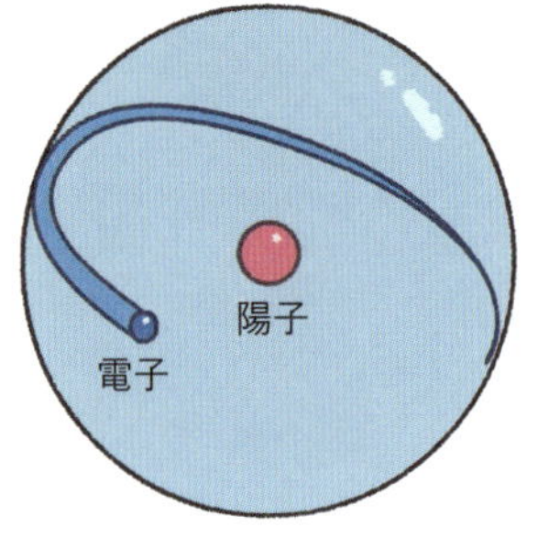

量子力学をふまえた
水素原子のイメージ

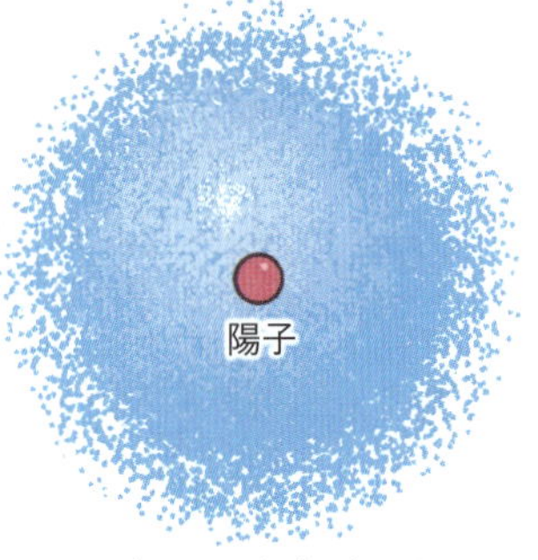

ぼんやりと広がって
存在する電子

さっきのお話にあった，**状態の共存**ってことですか。

まさにその通りです。通常，肉眼で見ることができるレベルの小さな物質は，顕微鏡などで見て，その存在を調べることができます。
しかし，電子はどんなに高性能な顕微鏡を使用しても，肉眼で見ることはできません。そのかわり，**量子力学では計算によって「1個の電子がどこで発見されやすいか」を知ることができます。**そのために使うのがシュレディンガー方程式なんです。

へええ～！　肉眼で見えないから，顕微鏡のかわりに計算によって存在を割りだすんですね。

そうです。iが出てくるシュレディンガー方程式は，電子の波が満たすべき方程式なんですね。**この方程式を解くと，電子の波がどんな関数であらわせるかを知ることができます。つまり，原子や分子内で電子がどこで発見されやすいかを知ることができるんです。**

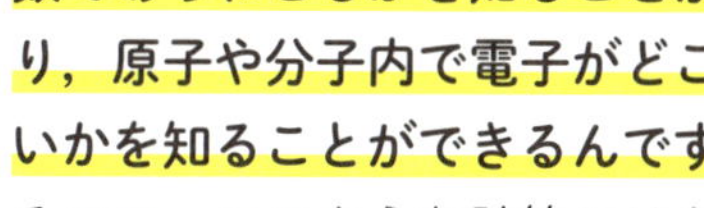

そこで，このような計算には必然的に虚数が含まれることになります。

うわ～，すごい世界だな。普通の数では計算できないんですね。虚数じゃないと。

ざっくり言えば，そういうことですね。ともかく，**量子力学は虚数や複素数の存在を前提として成り立っている物理理論といえます。**

量子力学は，現代の科学技術や工学の土台です。量子力学がなければ，**携帯電話**も**パソコン**も生まれなかったといってよいでしょう。
いうなれば，虚数や複素数がなければ，人類は今日の文明を築くことはできなかったのです！

わー！　知らなかったです！

虚数を使えば，4次元時空でピタゴラスの定理が成り立つ

続いて，**相対性理論**と**虚数**との関係を見ていきましょう。相対性理論自体には，虚数は必要ありません。
でも虚数を使うことで，相対性理論をとらえやすくなることがあるんです。専門的な内容ですし，ゆうとさんはまだ中学生ですから，完全に理解できなくても，こんな世界があるんだということを感じてもらえればじゅうぶんですよ。

はい。相対性理論は，名前だけは知っています。

先ほども触れましたが，相対性理論は**時間**や**空間**についての理論です。
常識的な感覚では，1秒や1メートルの長さは誰から見ても変わりません。ところが相対性理論は，その常識が成り立たないことを明らかにしたんです。つまり，物理的に1秒や1メートルの長さが，見ている状況によって変化するんです。

1秒や1メートルの長さが，人によってちがうってことですか？

そうです。たとえば，静止しているあなたの前を，宇宙船がものすごく大きな速度で横切ったとします。**このとき，あなたにとっての1秒は，宇宙船にいる人にとっては1秒とは限らず，ずっと短くなってしまうことが相対性理論からわかります。**
奇妙なことに，相対性理論によれば，高速で運動する立場と，それを外から見ている立場では，1秒や1メートルの長さが一致しないのです。

以前，長期間宇宙に行って帰ってきたら，地球ではものすごい時間がたっていて，人類が絶滅していたっていう設定の映画を見ました。こういう感じのことでしょうか？

そうですね。さて，時間と距離は立場によって変わります。ところが相対性理論によれば，時間と距離をまとめた**4次元距離**を考えると，止まっていても高速で動いていても不変なんです。

何ですか，4次元距離って？

ここでは相対性理論の説明はしませんが，4次元距離というものを虚数の立場で考えてみましょう。今までの複素数のことがわかっていれば，ここのところは納得できるはずです。気楽に聞いてください。

たとえば，原点にいた宇宙船がtの時間で，xの距離を進んだとします。このとき，4次元距離を次の式で定めます。

(4次元距離)＝

$$\sqrt{(\text{3次元空間の距離})^2-(\text{時間の経過を距離に変換したもの})^2}$$

$$=\sqrt{x^2-(ct)^2}$$

式に出てくるcは，光の速度をあらわしています。秒速約30万キロメートルです。
ctというのは，時間の経過tに光速cをかけたもので，時間を距離と同じ単位に変換したものです。
静止している人と，光速で進む宇宙船の中の人とでは，3次元空間上の距離の長さや，時間の進み方は一致しません。でも，この4次元距離を計算すると，止まっている人でも光速で動いていてる人でも同じになるんです。

うーむ……，この4次元距離に虚数が関係しているんですか？

ここで登場するのが，アインシュタインに相対性理論の数学的な基礎を提供した数学者，**ヘルマン・ミンコフスキー**（1864～1909）です。

ミンコフスキーの数学理論によれば，4次元距離の計算式にある**時間の経過の2乗の引き算**を，**虚数時間の2乗の足し算**とみなすことで，時間と空間をまったく同じようにあつかえるのです。

ヘルマン・ミンコフスキー
（1864 ～ 1909）

きょ，きょすう時間？
どういうことでしょうか？

時間経過tに虚数単位iをかけたitが虚数時間です。こうすれば，4次元距離の式は，$\sqrt{x^2+(ict)^2}$となります。

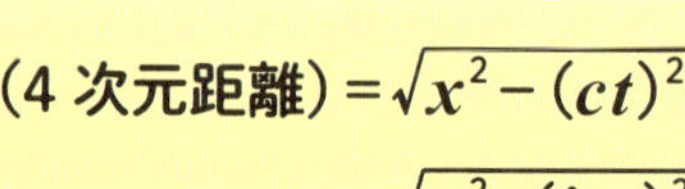

$$(4\text{次元距離})=\sqrt{x^2-(ct)^2}$$
$$=\sqrt{x^2+(ict)^2}$$

ここで，**ピタゴラスの定理**を思いだしてください。（直角三角形の斜辺の二乗が，ほかの二つの辺の二乗を足し合わせた長さに等しくなる：34 ～ 35ページ）。ピタゴラスの定理を使うと，空間上の２点間の距離を求めることができます。下のイラストを見てください。ピタゴラスの定理を使った距離を求める式と，前のページの虚数時間を使った４次元距離の式，似てませんか？

ピタゴラスの定理を使った距離の計算

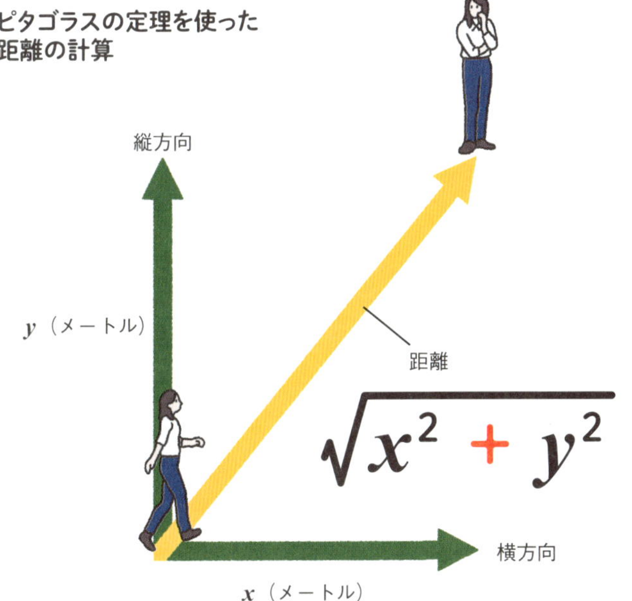

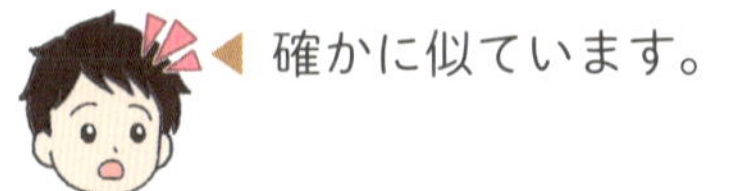

確かに似ています。

このように時間tのかわりに，虚数時間itを使うと，4次元距離の式は，ピタゴラスの定理を使った空間上の距離を求める式と同格のものになるんです。**つまり，虚数時間を使うと，4次元時空における4次元距離を通常の空間の距離と同じように計算できるんです。**

たとえば，下のイラストを見て下さい。これは，宇宙船が1秒間で18万キロメートル進んだようすを，静止した観測者の視点であらわしたものです。3次元空間を平面で，時間経過を3次元空間の平面に直交する座標軸であらわしました。

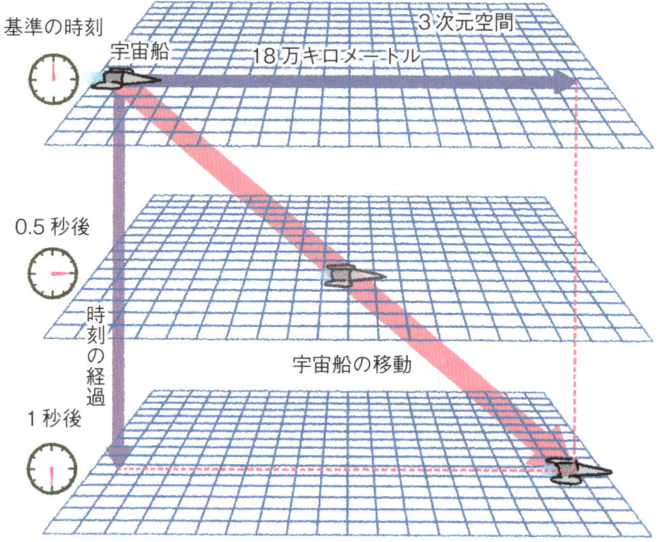

そして，この宇宙船が進む距離は，虚数時間を使えば，4次元距離を矢印の始点と終点の距離として，通常の3次元空間の距離と同じように考えて求めることができます（下のイラスト）。

3次元空間に時間を追加した4次元時空を，3次元空間と同じように考えることができるようになるわけですね。

その通りです。**つまり，虚数の値をもつ時間は，もはや空間と区別がつかなくなってしまうというわけです。**

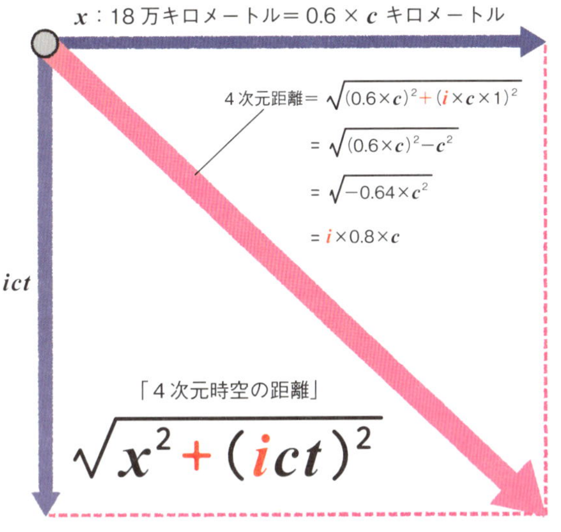

私たちが過ごす時間は，実は虚数時間なんですか？

いえいえ，**私たちが過ごす時間はやはり「実数」であり，決して虚数ではありません。**
ミンコフスキーは，時間と空間を独立のものと考えずに，時空の距離の概念を導入しました。そこでは時間に虚数が深く関連しているということなのです。
また，このあとに紹介しますが，**宇宙の誕生初期**には虚数時間が流れていたとする仮説が存在するんですよ。

虚数時間が流れる世界というのはどういうものなんでしょうか？

虚数時間が流れている世界では，力を受けた物体の運動の向きが，実数時間が流れていると仮定した場合とは逆になる可能性があるのです。**たとえば虚数時間の世界では，リンゴを手からはなすと，リンゴは上に落ちることになってしまいます。**
われわれが目にするリンゴは下に落ちるのだから，やはりわれわれの世界に流れる時間は実数時間ですね。

わー！　日常の常識とかけはなれているんですね。

実数時間
リンゴが下に落ちる
12
1
2
3
4
5
6
7
8
9
10
11
虚数時間
リンゴが上に落ちる
12i
1i
2i
3i
4i
5i
6i
7i
8i
9i
10i
11i

相対性理論と虚数がかかわる，興味深い話題をもう一つ紹介しましょう。**タキオン**とよばれる，未知の粒子の話題です。タキオンは理論的に考えられている，**超光速**で進む粒子です。
相対性理論によると，質量がゼロではない物体を光速まで加速させることは不可能です。したがって，**光速こそが宇宙の最高速度だといえます。**しかし，**相対性理論は，生まれながらにして光速をこえている存在を否定するわけではありません。**そして，そのような仮想的な超光速粒子が**タキオン**なのです。

光のスピードをこえるかもしれない未知の粒子かぁ……。そんなのはじめて聞きました。

光速をこえる奇妙な粒子であるタキオンは，その質量も奇妙です。**相対性理論によってみちびかれる速度と質量の関係式を満たすには，タキオンの質量（正確には静止質量）は実数ではなく虚数でなければならないのです。**

質量が虚数!?
そんな粒子，本当に実在しているんですか？

残念ながら，タキオンが発見されたという報告はありません。また，タキオンはあくまでも**理論上の粒子**にすぎず，実在しないと考える物理学者が多くいます。

理論上の粒子なのかあ。虚数と似てますね。でもほんとに存在してたらすごいな。

そうですね。でも，もしも質量が虚数のタキオンが存在すると，SFのような，**過去への通信**が実現する可能性があるんですよ。
たとえば，超光速で地球から遠ざかる宇宙船に向かって，地球からタキオンを発射して信号を送ります。それを受けとった宇宙船は，地球に向かってタキオンを発射して返信します。相対性理論にもとづいて計算すると，なんと，返信を地球が受けとるのは，最初に信号を送った時刻よりも過去になりうるというのです。

すごい！　物理って何でもアリなんですね。

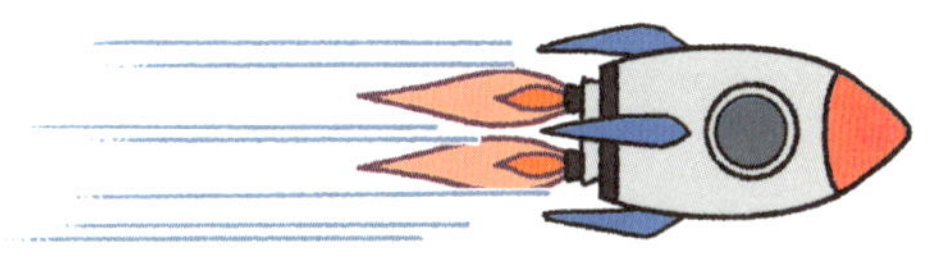

宇宙のはじまりには，虚数が登場する!?

次に紹介するのは，**宇宙の誕生**と**虚数**の関係です。
この宇宙は，永遠に続く過去から変わらずに存在しているのか，それとも，一からはじまったのか？　科学者たちは長い間，この究極ともいえる謎にいどんできました。

壮大なテーマですね。まだわかっていないんですもんね。

アインシュタインの一般相対性理論が登場する以前は，宇宙は永遠不変なものと考えられていました。しかし一般相対性理論によって，空間はのびちぢみできるものであることが明らかにされると，ロシアの科学者**アレクサンドル・フリードマン**（1888～1925）は，一般相対性理論を宇宙にあてはめ，宇宙も膨張や収縮をすると主張したんです。

「宇宙は永遠不変」説がちがうかもってことになったんですね。

そうです。ところが，宇宙を不変なものと考えていたアインシュタインは，方程式の中に**宇宙項**とよばれる定数を入れて，**宇宙は変化しない**という静的なモデルをつくりあげました。

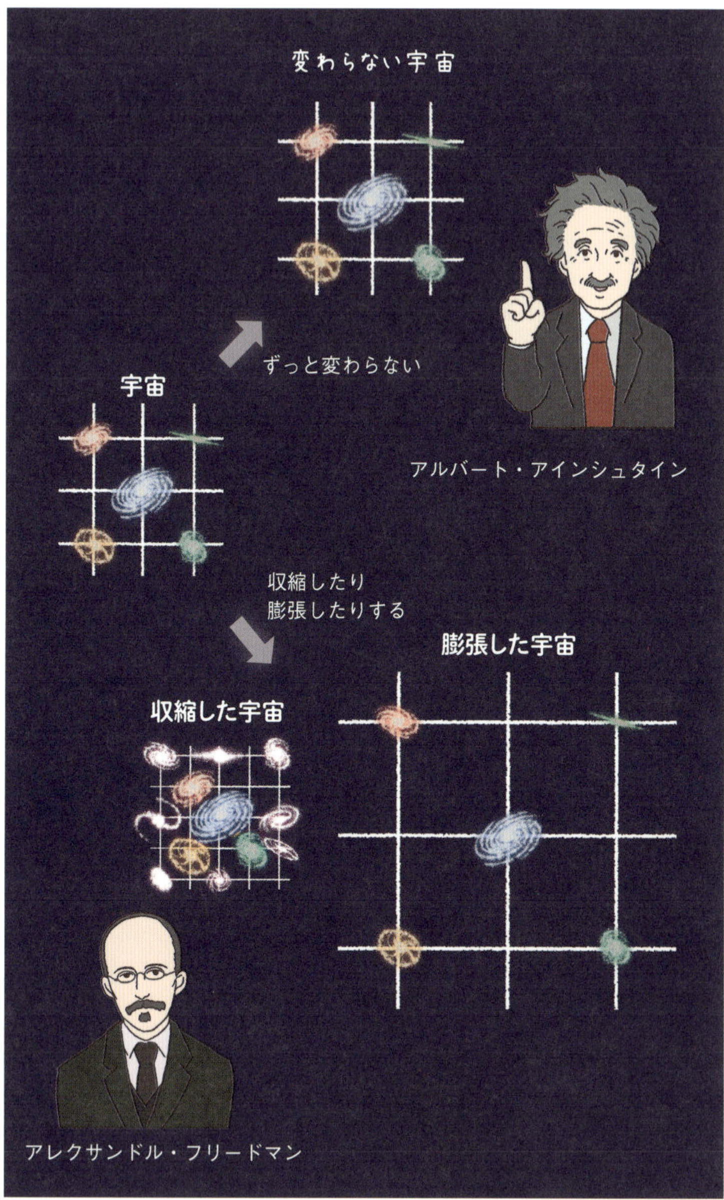
変わらない宇宙
ずっと変わらない
宇宙
アルバート・アインシュタイン
収縮したり
膨張したりする
膨張した宇宙
収縮した宇宙
アレクサンドル・フリードマン

結局，どちらだったんですか？

その答につながる発見は**1929年**になされました。
アメリカの天文学者**エドウィン・ハッブル**（1889～1953）は，望遠鏡による観測によって遠い銀河ほど速く遠ざかっていることを明らかにしました。これはつまり，**私たちのいる宇宙空間は膨張していることを意味していたのです。**

エドウィン・ハッブル
（1889～1953）

フリードマンが言った通り，宇宙は永遠不変ではなかったんですね。

そうなんです。その後，20世紀以降に発達した**宇宙論**とよばれる学問によって「**われわれの宇宙は，日に日に膨張している。このことは，はるか昔の宇宙が，ごく小さな領域しかもたなかったことを意味する。それが宇宙のはじまりということになる。最新の観測結果を踏まえると，この宇宙は約138億年前にはじまったと考えられる**」というストーリーが広く支持されています。

宇宙のはじまりっていったいどんなものなんでしょうか？

宇宙の誕生を物理学で解き明かそうと数多くの物理学者が現在も挑んでいます。
興味深いことに，この深淵なる謎に，**虚数時間**がかかわっているかもしれないのです。

虚数時間って，本来なら落下するリンゴが上に落ちるとか，常識では考えられない概念でしたよね。

そうですね。
アメリカの物理学者**アレキサンダー・ビレンキン**（1949～）は，1982年に**無からの宇宙創生**という理論を発表しました。
この理論は，虚数時間の考え方にもとづいて宇宙の誕生を説明したものです。

アレキサンダー・ビレンキン
（1949～）

どういった理論なんでしょうか？

私たちの宇宙は空間も時間も何もない**「無」から生まれた**という仮説です。
ただし，量子力学では，「無」とは何もない状態ではなく，超ミクロの粒子が存在したり消滅したりをたえずくりかえす「ゆらぎ」に満ちていると考えます。ですから，“宇宙のタネ”ともいえる，超ミクロな粒子が生まれてはすぐに収縮して消えていきます。
そのような宇宙のタネの一つが，あるとき収縮せずに膨張に転じて，私たちの宇宙になったと考えるんです。

すごい理論ですね。
そのどこに虚数時間が出てくるんでしょうか？

無から生まれた宇宙のタネは，本来ならエネルギーが足りずに，しぼんでいくと考えられます。つまり，エネルギーを山だとすると，超ミクロの粒子は，それをこえるエネルギーをもっていないわけです。ところが私たちの宇宙は，本来はこえられないはずのエネルギーの山をこえて，膨張に転じることができました。

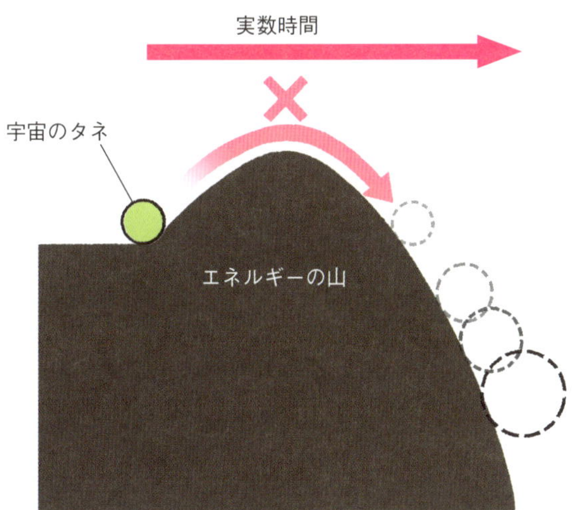

なぜ私たちの宇宙は，こえられないはずのエネルギーの山をこえられたんだろう？

そこで，**虚数時間**の登場です。
ここではくわしくは説明できませんが，虚数時間を考えると，運動や力の向きを逆転させて考えることができます。

宇宙誕生の瞬間に虚数時間が流れていたとすると，こえるべきエネルギーの山が，谷へと変わると考えることができるのです。そのため，宇宙のタネは自然にそれをこえることができたと考えられるのです。

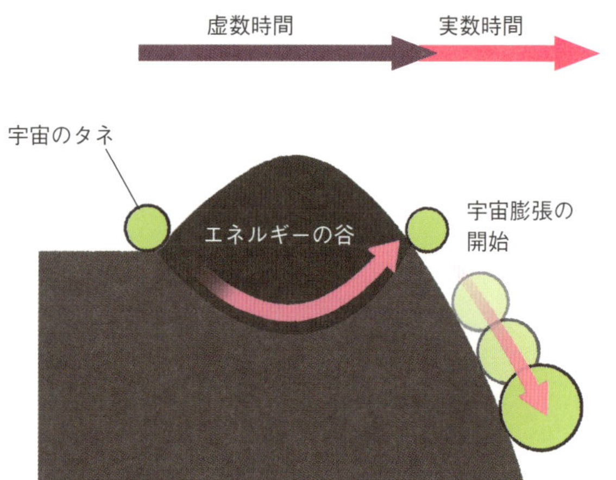

「リンゴが上へ落ちる」みたいな，何か概念が逆転するみたいな時間が流れたわけですか。

さらに，車いすの物理学者，**スティーブン・ホーキング**（1942～2018）も，虚数時間を考える**無境界仮説**という理論を提唱しました。

ホーキング博士はどんな理論を考えたんでしょうか。

まず，宇宙は膨張しているわけなので，宇宙が誕生した時には，宇宙全体がつぶれた状態であったと考えることができます。これは**特異点**とよばれるものです。
そのような状態では，物理法則をあてはめることができないので，宇宙のはじまりについて物理学で議論することができないことになってしまいます。

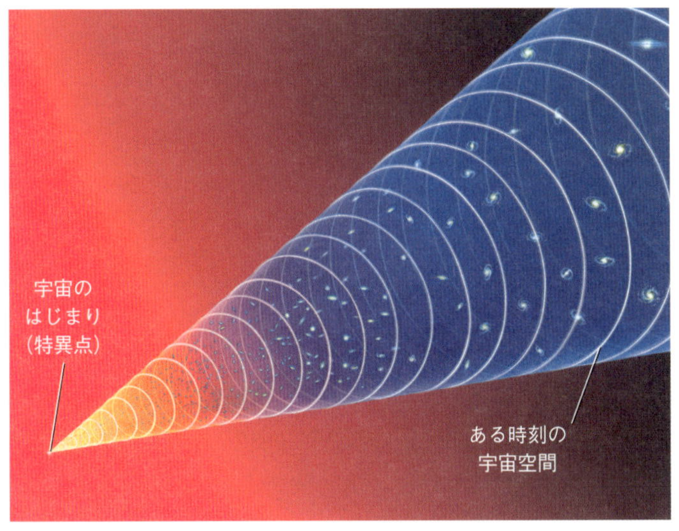

それ以上さかのぼれないから，このような世界を解明することは**不可能**ということですね。

ええ。ところがホーキング博士らの無境界仮説によると，宇宙が生まれたときに虚数時間が流れていれば，**特異点の問題が回避できる**といいます。
先ほども見たように，虚数時間が流れる世界では，計算上，**空間**と**時間**を同じレベルであつかえます。空間と時間が同等になると，宇宙のはじまりは**なめらか**になり，特異点は消えてしまうというのです。

イラストを見ると，おわんの底みたいで，とがってはいませんね。

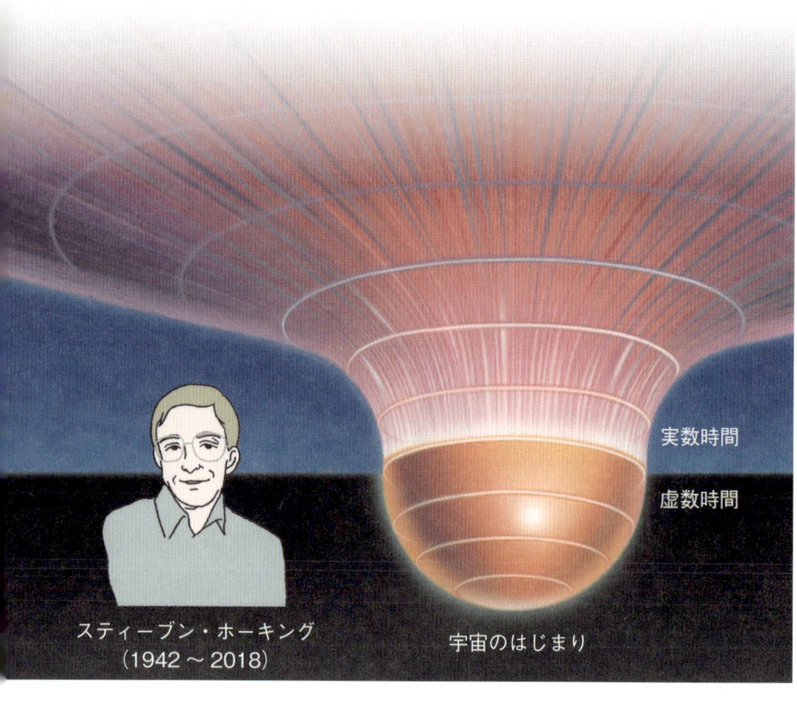

実数時間
虚数時間
スティーブン・ホーキング
(1942 ~ 2018)
宇宙のはじまり

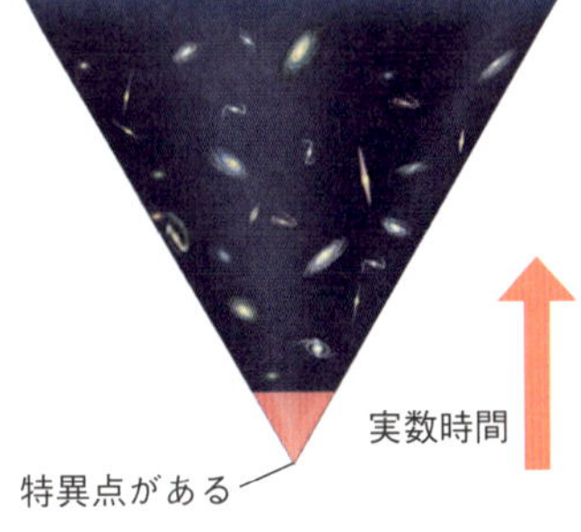

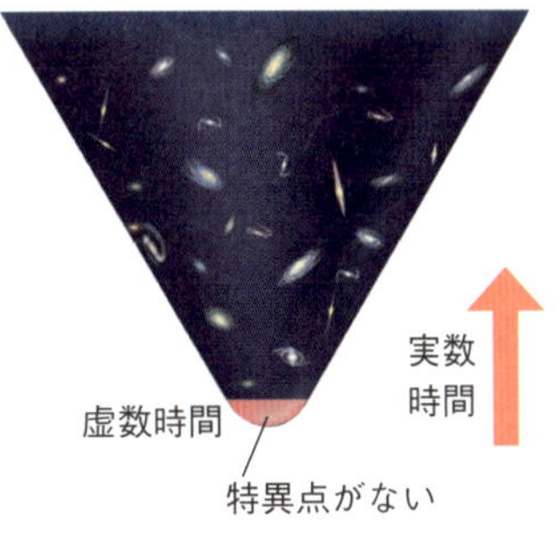

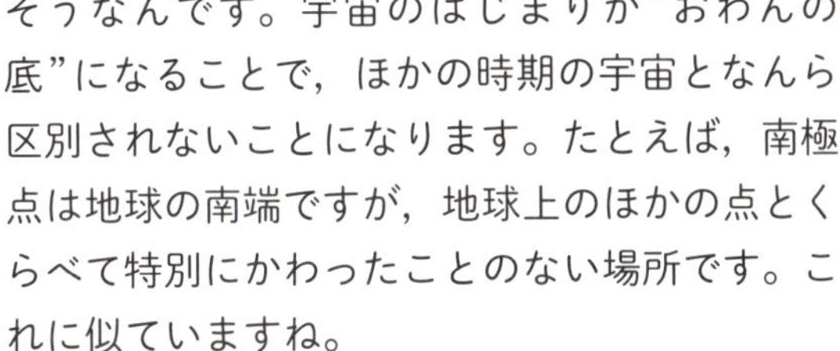

そうなんです。宇宙のはじまりが“おわんの底”になることで，ほかの時期の宇宙となんら区別されないことになります。たとえば，南極点は地球の南端ですが，地球上のほかの点とくらべて特別にかわったことのない場所です。これに似ていますね。

そうか，つぶれた1個の点じゃなくて，宇宙の中の一つの地点として考えることができるんですね。確かに，そう考えればつぶれて終わりにはならないですね。

さて，私たちが見ることができないめちゃくちゃ小さな**原子**の話や，それとは対照的な超大きな**宇宙のはじまり**の話をしました。**物理学**はこのようなことを解明する学問です。
自然界の現象は，簡単にわからないことなので，物理学では，**仮説**をたてます。**理論**といってもよいですね。相対性理論，無境界仮説といったものは皆そうです。

実験などでそれらが確かめられると，仮説から事実となります。相対性理論や量子力学は，そのように仮説の域をこえた真実といえるでしょう。

指数関数と三角関数を結びつけるオイラーの公式

2時間目に，虚数単位iを定めたスイスの天才科学者オイラーについて少しお話ししました。ここで，オイラーが発見した，世界一美しい等式といわれている**オイラーの等式**をご紹介しましょう。まずは，それをみちびく**オイラーの公式**からお話ししますね。

「等式が美しい」なんて考えたことなかったです。世界一美しい数式って，いったいどんな等式なんだろう？

ふふふ，そうですね。オイラーの等式や関連する公式は，高校から大学の数学で学ぶようですね。ゆうとさんがまだ習っていない要素がたくさん出てくると思いますが，お話として気楽に聞いてもらえればじゅうぶんですよ。

さて，**オイラー**は，虚数について深く研究し，まず，虚数が主役を演じる重要な公式を発見しました。それが，オイラーの公式です。

オイラーの公式

$$e^{ix} = \cos x + i \sin x$$

この公式は，波と虚数を結びつける超重要な公式なんです。**さまざまな波について調べるときに重宝する公式なんですよ。**

波？

はい。私たちの世界には，光や電磁波，音があふれていますよね。それらはすべて波の形状をしているんです。
ですから，それらの性質を解き明かすためには，波がもつ性質を研究することが非常に重要なんです。

へええ～！

さて，オイラーの公式に出てくる要素について，一つずつ説明しましょう。iはもうわかりますよね。

はい，iは虚数単位のことですよね。

OKです！
ではまずeを見てみましょう。これは，**ネイピア数**または**自然対数の底**とよばれる数です。
eは，2.71828182845904……と，小数点以下が，循環することなく無限につづく**無理数**です。

$$e = 2.718281\cdots$$

ちなみに語呂合わせで覚えることもできます。
「フナー羽二羽一羽二羽しごく惜しい」。

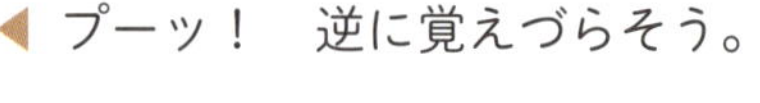

プーッ！　逆に覚えづらそう。

この数は，預金額を計算するための$\left(1+\frac{1}{n}\right)^n$という式から生まれました。
たとえば，3か月（$\frac{1}{4}$年）ごとに，元金の$\frac{1}{4}$の利息がつくことを考えます。すると，1年後の預金額は，$\left(1+\frac{1}{4}\right)^4$倍になります。
同じように，$\frac{1}{n}$年ごとに元金の$\frac{1}{n}$の利息がつくことを考えます。すると，1年後の預金額は，元金の$\left(1+\frac{1}{n}\right)^n$倍になります。
そして，$\left(1+\frac{1}{n}\right)^n$の式の$n$が大きくなる（利息がつくまでの期間が短くなる）と，この式の値は徐々に2.718281……という数に行きつきます。
これが，eなんです。

むずかしいですけど，ともかくeは預金額を計算するための式と関連している値なんですね。

そうです。ここでは，その理解で十分です！
では，次，**cos**と**sin**を見てみましょう。
cosは**コサイン**，**sin**は**サイン**といいます。この二つは**三角関数**とよばれるものです。

三角関数？

はい。先ほど，光や電磁波，音は波の形状をしていて，それらの性質を解き明かすためには，波の性質を解き明かすことが必要だとお話ししました。

三角関数は，波を解析するために必要不可欠な道具なんです。現在は，高校で学ぶようですね。

うわー！　高校数学ではそんなのが登場するんですね。

そうなんですよ。さて，関数は，中学校では「xの値が決まるとyの値が決まる関係」というふうに習ったと思います。
三角関数は直角三角形の角度と辺の関係から発展してきたものです。三角形の角度はθ（シータ）という記号であらわします。θにはいろんな角度を入れることができて，θが決まると，$\sin\theta$や$\cos\theta$の値が自動的に決まるんです。

うへーっ，むずかしそう……。

図で見てみましょうか。次の図のように，xy座標平面に原点を中心とした半径1の円をえがきます。
そして，(1，0)の点から円にそって，角度θだけ，点を反時計まわりに移動させます。そのときのy座標を$\sin\theta$，x座標を$\cos\theta$と定めます。
この角θを，移動した点の**偏角**とよびます。偏角という言葉は3時間目でも出てきましたね。あとで説明しますが，これは複素数の偏角と同じものになります。

たとえば，$\theta=30°$のときは$\sin\theta$と$\cos\theta$は次のような値をとります。

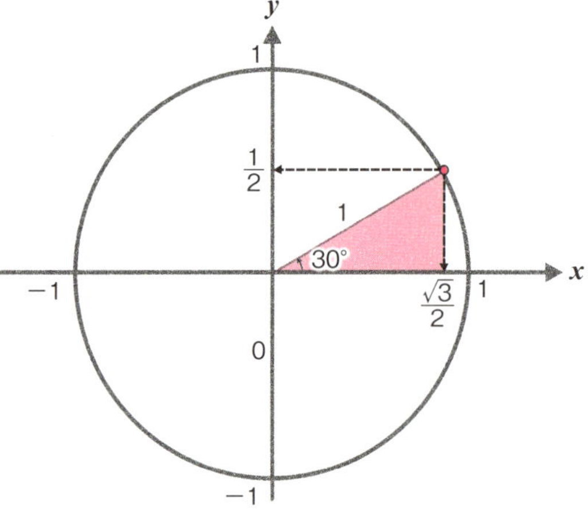

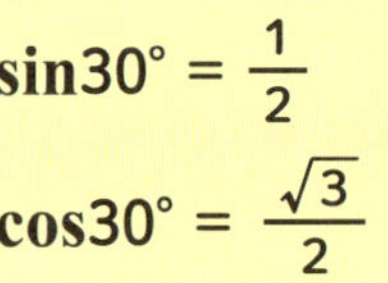

$$\sin 30^\circ = \frac{1}{2}$$

$$\cos 30^\circ = \frac{\sqrt{3}}{2}$$

$\sin\theta$は半径1の円上の点のy座標の値に，$\cos\theta$の値はx座標の値に対応しているわけですね。

ええ。さて，ここで少しむずかしいかもしれませんが，角度のあらわしかたについて，少し説明しましょう。
日常の中では，「30°」のように角度を度数であらわすことが多いと思います。これを**度数法**といます。

でも，数学の世界では，度数法のかわりに，**弧度法**という角度のあらわしかたがより一般的に使われます。**弧度法とは，角度の大きさを，その角度を中心角にもつ半径1の円弧の長さと対応をさせてあらわす方法です。**

どういうことですか？

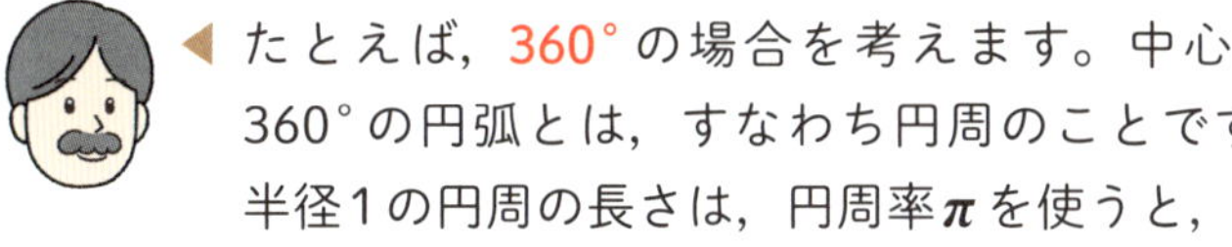

たとえば，**360°**の場合を考えます。中心角360°の円弧とは，すなわち円周のことです。半径1の円周の長さは，円周率πを使うと，直径×$\pi=2\pi$とあらわせます。
ですから360°を弧度法では**2π**とあらわすんです。弧度法であらわす場合には，°のような単位はつけません。ですので，2πです。念のため。

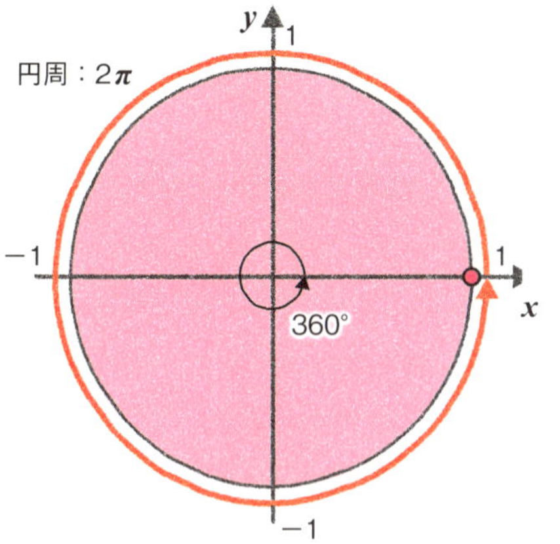

じゃあ，90°は？

90°の円弧の長さは，360°のときの円周の長さ（2π）の$\frac{90}{360}=\frac{1}{4}$ですね。
ですから，90°は$2\pi\times\frac{1}{4}=\frac{\pi}{2}$です。

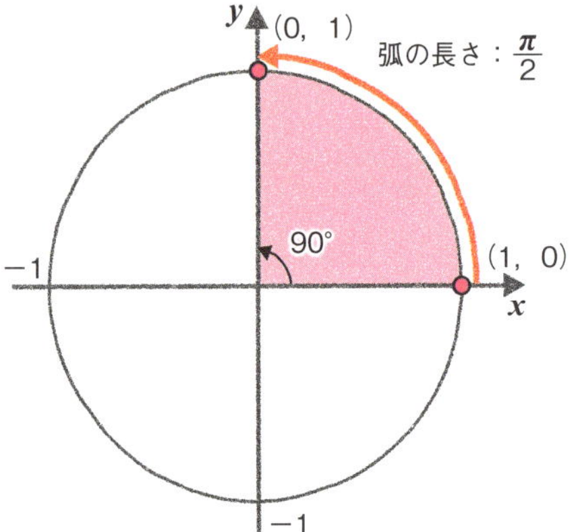

同じように60°であれば，$2\pi\times\frac{60}{360}=\frac{\pi}{3}$。
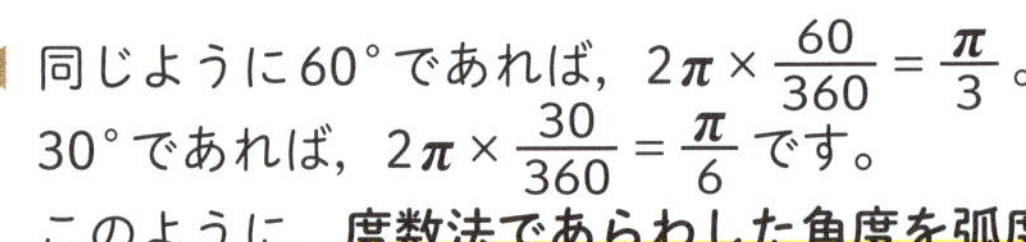
30°であれば，$2\pi\times\frac{30}{360}=\frac{\pi}{6}$です。
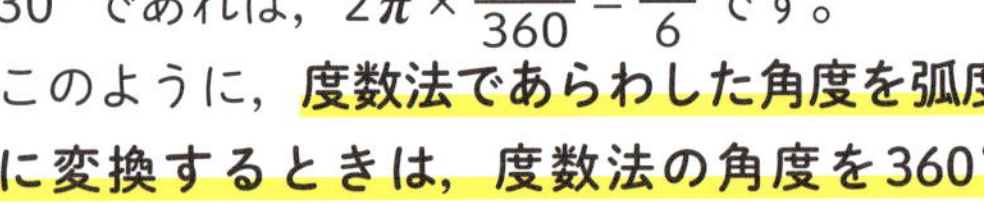
このように，**度数法であらわした角度を弧度法に変換するときは，度数法の角度を360°で割って，2πをかければいいわけです。**
30°は，弧度法で$\frac{\pi}{6}$ですから，先ほどの30°の$\sin$，$\cos$の値を弧度法であらわすと$\sin\frac{\pi}{6}=\frac{1}{2}$，$\cos\frac{\pi}{6}=\frac{\sqrt{3}}{2}$となります。

4時間目　現代科学と虚数

うーん，なんとなくわかりました……。

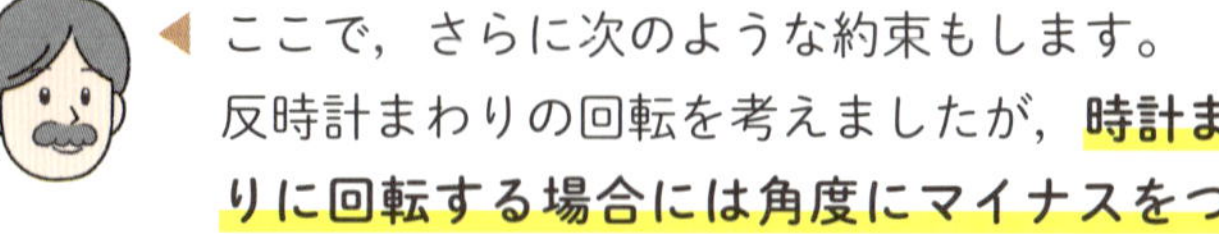
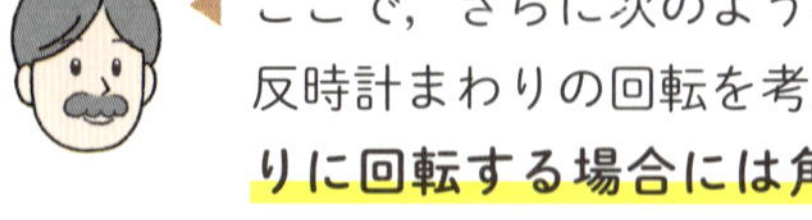

ここで，さらに次のような約束もします。
反時計まわりの回転を考えましたが，**時計まわりに回転する場合には角度にマイナスをつけます。**
たとえば，前のページの図で点（1，0）から点（0，1）に到達するやりかたは一通りではありません。反時計まわりに$\frac{\pi}{2}$（90°）回転するだけではなく，時計まわりに$\frac{3\pi}{2}$（270°）回転しても到達できますね。

ふむふむ。時計まわりでも，反時計まわりでも（1，0）から（0，1）にたどりつけるわけですね。

はい。ですのでマイナスをつけて，この偏角は$-\frac{3\pi}{2}$であるといってもよいのです。**$\frac{\pi}{2}$と$-\frac{3\pi}{2}$は偏角として区別せずに同じものと考えます。**
つまり，図形でみた角度が弧度法で一通りにあらわせるとは限らないわけです。

図形で同じ角度をあらわすのにも複数のあらわしかたがあるんですね。

ええ。また，この場合，（1，0）から反時計まわり，または時計まわりに何周かして（0，1）に到達しても結果は同じですね。反時計まわりに1周したあとでなら，$2\pi+\frac{\pi}{2}$となります。

一般にnを勝手な整数として，$2\pi n+\frac{\pi}{2}$であれば同じ（0，1）に対応します。このように，弧度法では値がすべての実数をとるようにしてあります。そうしておくと，これから述べるような指数関数との関連の説明が見やすくなるのです。

ちょっと三角関数の話から脱線しましたね。

ともかく以降は，弧度法の角度で話を進めるので，覚えておいてください。

それじゃあ，$\sin\theta$と$\cos\theta$にもどりましょう。

これを**グラフ**にえがくと，面白いんですよ。

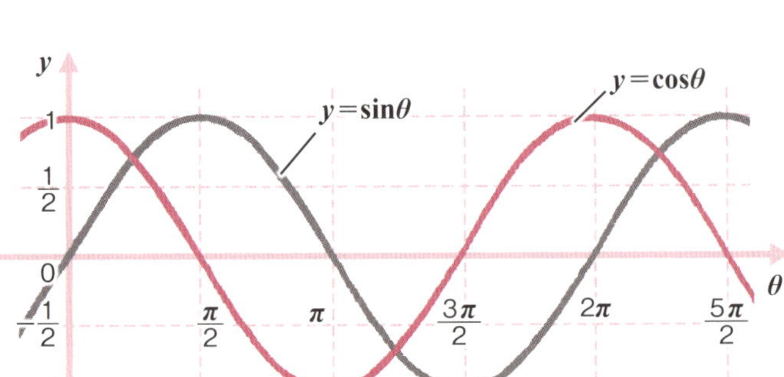

おっ，波だ！

そうなんです。
波をえがくんです。この本では三角関数をくわしくあつかわないので，とにかく**sin**や**cos**をグラフにすると，波をえがくということだけ理解しておいてもらえればOKです。

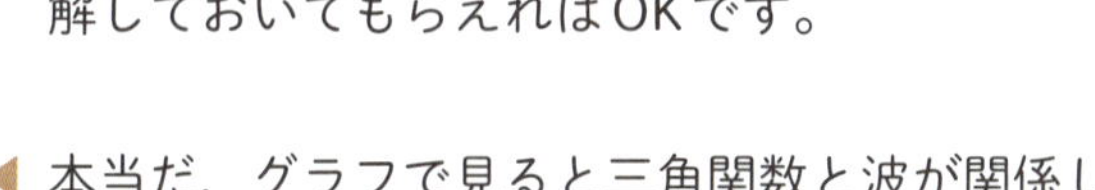

本当だ，グラフで見ると三角関数と波が関係してるってわかります。

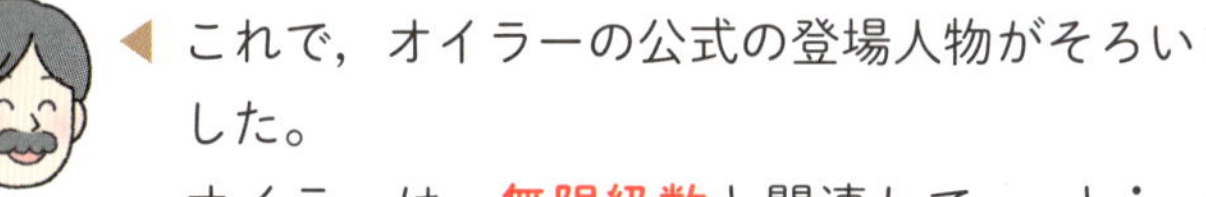

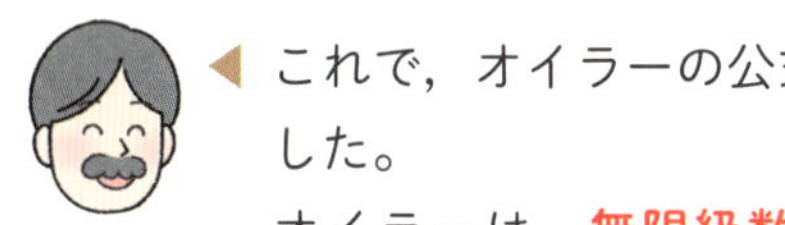

これで，オイラーの公式の登場人物がそろいました。
オイラーは，**無限級数**と関連して，eとi，そして三角関数を結びつけるオイラーの公式を発見したのです。

むげんきゅうすう？

「無限級数」というのは，$\frac{1}{2}$，$\frac{1}{4}$，$\frac{1}{8}$，$\frac{1}{16}$……」などのように，ある規則をもって無限につづく数の列（この場合は順に半分にしていってできる数の列）を，足し合わせて定まる数のことです。無限に並んでいる数を足していくので意味づけをきちんとする必要がありますが，ここでは細かいことは省略します。
オイラーは，e^xや三角関数$\sin x$，$\cos x$などが，次のような無限級数であらわせることを発見しました。

指数関数 e^x

$$=1+\frac{x}{1!}+\frac{x^2}{2!}+\frac{x^3}{3!}+\frac{x^4}{4!}+\cdots$$

三角関数 $\sin x$

$$=\frac{x}{1!}-\frac{x^3}{3!}+\frac{x^5}{5!}-\frac{x^7}{7!}+\cdots$$

三角関数 $\cos x$

$$=1-\frac{x^2}{2!}+\frac{x^4}{4!}-\frac{x^6}{6!}+\cdots$$

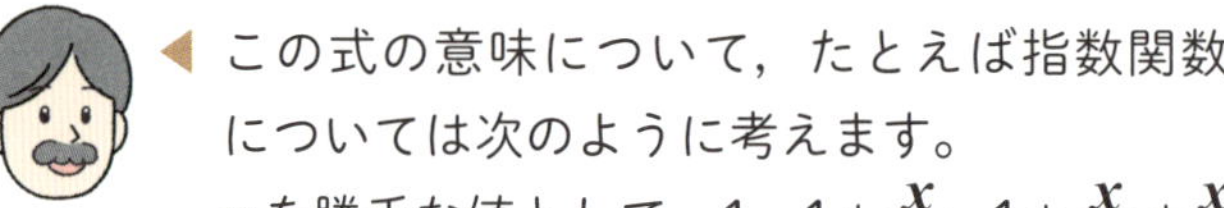

この式の意味について，たとえば指数関数e^xについては次のように考えます。
xを勝手な値として，1，$1+\frac{x}{1!}$，$1+\frac{x}{1!}+\frac{x^2}{2!}$，$1+\frac{x}{1!}+\frac{x^2}{2!}+\frac{x^3}{3!}$……のように数の列をつくっていくとき，それが$e^x$であらわされる値に限りなく近づくという意味です。

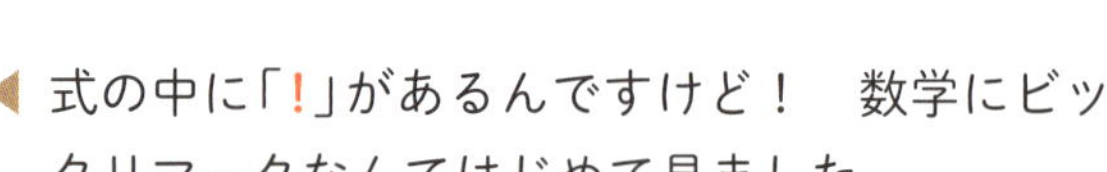

式の中に「!」があるんですけど！　数学にビックリマークなんてはじめて見ました。

あぁ，説明していませんでしたね。
「!」は，数学の記号です。3! = 1 × 2 × 3，5! = 1 × 2 × 3 × 4 × 5のように，「!」は，1から「!」のついた数までの自然数のかけ算をあらわします。

へぇー。数学ではそんな使い方されてるんですね。

さて，先ほどのe^xのxにixを代入してみます。すなわちeを虚数乗するんです。
そして，i ＝−1，$i^3=-i$，$i^4=1$などのiの計算に注意して計算すると，以下のようになります。

指数関数 e^x の x に「ix（虚数倍した x）」を代入する

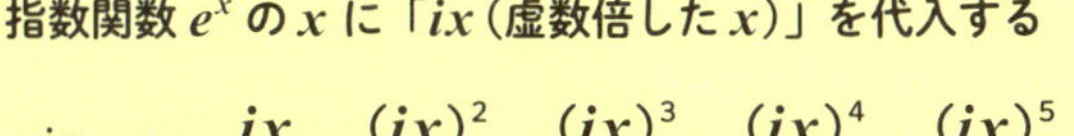

$$e^{ix}=1+\frac{ix}{1!}+\frac{(ix)^2}{2!}+\frac{(ix)^3}{3!}+\frac{(ix)^4}{4!}+\frac{(ix)^5}{5!}+\cdots$$

$$=1+\frac{ix}{1!}-\frac{x^2}{2!}-\frac{ix^3}{3!}+\frac{x^4}{4!}+\frac{ix^5}{5!}+\cdots$$

$$=\left(1-\frac{x^2}{2!}+\frac{x^4}{4!}-\cdots\right)+i\left(\frac{x}{1!}-\frac{x^3}{3!}+\frac{x^5}{5!}-\cdots\right)$$

ここでの計算では，足す順番を変えたりしています。有限の数を足す場合とちがって，無限級数についてはいろいろと注意が必要で，きちんと確かめたうえでこのようなことをしないといけないのですが，ここでは省略して足す順番は自由に変えてもよいとして話を進めています。
さて，この式と，前のページの$\sin x$，$\cos x$を見比べると，何か気づきませんか？

えーっと。**あっ！**
一つ目のカッコ内は $\cos x$ と同じになります。そして，二つ目のカッコ内は $\sin x$ と同じですね！

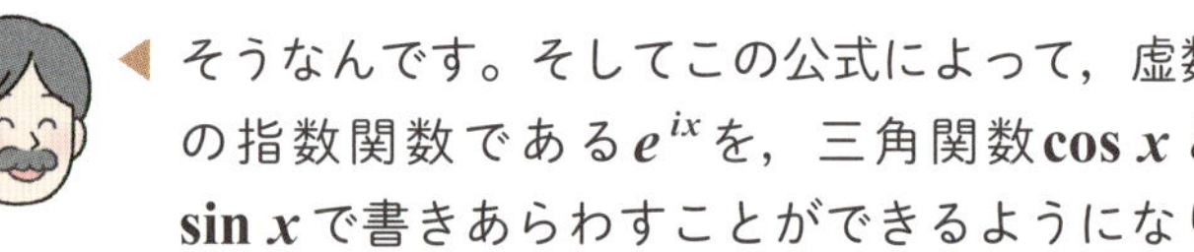

そうなんです！
つまり，$e^{ix}=\cos x+i\sin x$ となるんです。これがオイラーの公式です。
オイラーの公式は，指数関数と三角関数という生まれもグラフの形もまったくことなるものどうしを，i をかけ橋にして結びつけているわけですね。

$$e^{ix}=\cos x+i\sin x$$

へええ～！　よくこんな関係を発見しましたね。

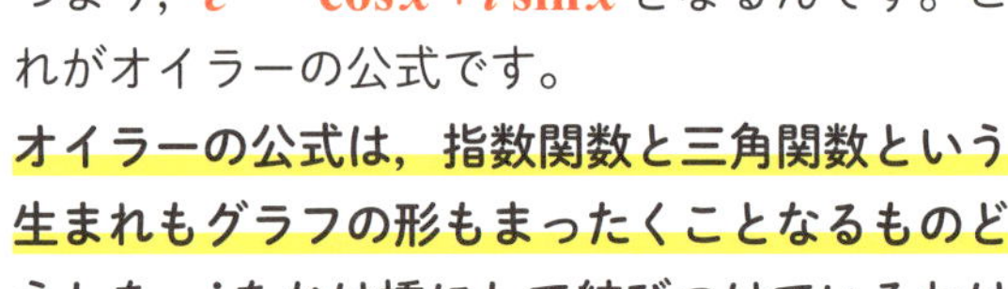

そうなんです。そしてこの公式によって，虚数の指数関数である e^{ix} を，三角関数 $\cos x$ と $\sin x$ で書きあらわすことができるようになりました。
こうして，実数の世界ではたがいに無関係だった指数関数と三角関数が，虚数を含む複素数の世界では，固く結ばれていることがわかったのです。

世界一美しいオイラーの等式

さて，次は，世界一美しいといわれる**オイラーの等式**を導きましょう！

先ほどのオイラーの公式のxに**円周率π**を代入します。

三角関数のグラフから，$\cos\pi=-1$，$\sin\pi=0$とわかります。これを先ほどの式に代入して整理しましょう。

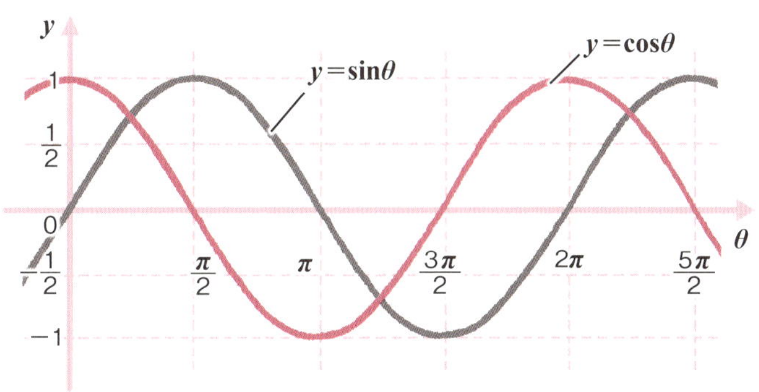

$$e^{i\pi}=\cos\pi+i\sin\pi$$

$\cos\pi=-1$, $\sin\pi=0$なので

$$e^{i\pi}=-1+0$$

$$e^{i\pi}+1=0$$

うわっ！　ゼロになってしまいました！

そう，これこそ，オイラーの等式です。
この式は，**自然対数の底e**，**虚数単位i**，そして**円周率π**という一見するとまったく関係のなさそうな，でもそれぞれに重要な数の間に，シンプルな関係性があることを明らかにした式です。不思議で神秘的ともいえる関係性に，科学者や数学者の多くが“美しさ”を感じています。

オイラーの等式

$$e^{i\pi}+1=0$$

生まれも育ちもまったくちがう数たちが，オイラーの等式によって結びつけられたんですね！

波の解析にオイラーの公式が欠かせない

さて，先に紹介したオイラーの公式の重要性について，少しだけ追加して説明しましょう。先ほど，**波や振動の解析**に三角関数が必須だというお話をしましたね。

はい。**sin** や **cos** をグラフにえがくと，**波**をえがくんでしたね。

ええ。そうです。
この自然界は，波や振動現象であふれています。私たちが感じる光や音も，携帯電話がやりとりする電磁波も，そして私たち自身を構成する電子などの素粒子も，すべて波や振動の性質をもっています。**自然界は，波や振動が支配しているといっても過言ではありません！**

つまり，三角関数が大活躍と。

その通りです！
でも，三角関数は計算がややこしく，あつかいがめんどうな関数でもあります。高校でも，三角関数に関する公式はたっくさん出てきます。

うわぁ大変だ。

一方，指数関数は，あつかいが比較的簡単です。
そこで，三角関数の計算のかわりに，オイラーの公式を使って指数関数で計算すれば，問題が簡単になる場合がたくさんあるんです。
そのため，オイラーの公式は数学者や物理学者にたいへん重宝されているんです。
科学者や技術者は，あたりまえのようにオイラーの公式を使い，虚数を駆使して楽に答を出しています。

たしか虚数をはじめて使ったカルダノさんは，**「虚数に実用上の使い道はない」**と，のべたんでしたよね。
ぜんぜん，そんなことはなかったということですね！

そうなんです。
たとえば，発電所から家庭に届く**交流電流**をあつかう際にも虚数は欠かせません。

だから，電気系の資格をとるときなんかにも，虚数の計算が出てくるんです。

電気をあつかうときにも虚数が登場するわけですね。私たちは毎日，虚数の恩恵にあずかっていたのかぁ。

そうなんですよ。さて，虚数のお話もこの辺でおしまいです。

物理学では，この世界のさまざまな現象を解明するために仮説を立てます。そして，その仮説の辻褄が合っていることが最低限の条件です。
そして，そのような裏付けをするのが数学の役割です。たとえば，1＋1＝3となるような数があると仮定して，それを裏付けなしに使ってしまっているなら，その数を使った仮説の信頼性はゼロです。
今回お話しした，2乗すると－1になるというこの奇想天外な数は，16世紀のカルダノが考えたように，一見，意味のない数のように思えました。しかし，ここまで説明したように，この奇妙な数は，iとして意味づけることができて，きちんと計算もでき，役に立つことがわかりました。

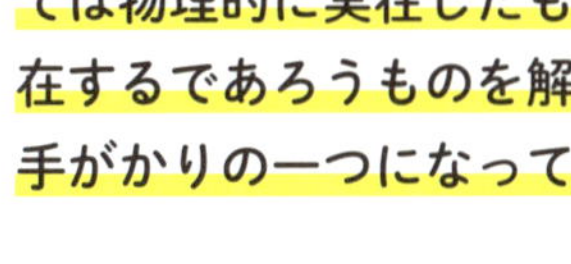

このような数学的な裏付けが，相対性理論から宇宙創生までの仮説や理論を成り立たせ，ひいては物理的に実在したもの，実在するもの，実在するであろうものを解き明かすために大事な手がかりの一つになっているんです。

ここまで，気の遠くなるようなお話でした。

そして，これは物理だけのお話かと思ってしまいがちです。しかし，物理的な現象だけではなく，経済の予測といったそのほかもろもろのことを解明するためには，正しく数学を使って仮説を立て，検証していくことは普通のことです。**ですから，文系，理系を問わずに，数学を理解することは，とても大事なことなんです。その一つが虚数なんですね。**

数学って将来何の役に立つんだ！　って思ってしまいがちですけど，数学は僕たちの社会を成り立たせるための道具なんだってことがよくわかりました。虚数って，その中でも特に重要な道具ってことなんですね。
むずかしかったですけど，面白かったです。

虚数の不思議さ，数学の面白さをわかってもらえたのなら，何よりです。

「数直線にない数」とか「2乗するとマイナスになる」とか，こんなのありなのか!?　って思いましたけど，そんな数のおかげで今の社会があるなんて，びっくりしました。
ありがとうございました！

Staff

Editorial Management	中村真哉
Editorial Staff	井上達彦，宮川万穂
Cover Design	田久保純子
Design Format	村岡志津加（Studio Zucca）

Illustration

イラスト着彩	羽田野乃花, 松井久美	76	羽田野乃花, 松井久美	139	羽田野乃花
表紙カバー	松井久美, 羽田野乃花	78～80	羽田野乃花	141～146	松井久美
生徒と先生	松井久美	81	松井久美	147～148	羽田野乃花
10～13	羽田野乃花	83～112	羽田野乃花	150～151	松井久美
16	Newton Press	113	羽田野乃花, 松井久美	154	松井久美, Newton Press
18～20	松井久美	115～117	羽田野乃花	155～159	松井久美
18～20	羽田野乃花	118	Newton Press	160	吉原成行
21	Newton Press	120～121	羽田野乃花	161～162	門馬朝久
23～30	松井久美	122	松井久美	165	Newton Press
31	Newton Press	128	門馬朝久	167	松井久美
32～33	松井久美	130～133	松井久美	168～178	羽田野乃花
35～36	羽田野乃花	134	羽田野乃花	179	Newton Press
38～73	松井久美	136～38	松井久美	181	松井久美

監修（敬称略）：
山本昌宏（東京大学大学院特任教授）

本書は主に『東京大学の先生伝授 文系のためのめっちゃやさしい 虚数』を再編集したものです。

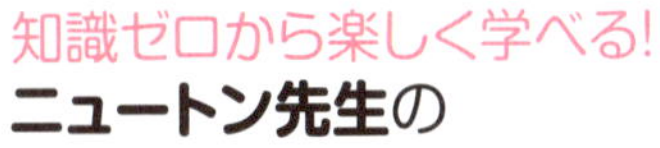

2025年5月10日発行

発行人　松田洋太郎
編集人　中村真哉
発行所　株式会社 ニュートンプレス　〒112-0012 東京都文京区大塚3-11-6
https://www.newtonpress.co.jp/

ISBN978-4-315-52913-5